Seevögel
und ihre Federn

Rainer Borcherding

Seevögel
und ihre Federn

Mit Fotografien von Rainer Borcherding,
Peter Hering und anderen

WACHHOLTZ
MURMANN PUBLISHERS

1. Auflage 2015

Printed in Germany
ISBN 978-3-529-05447-1
Besuchen Sie uns im Internet:
www.wachholtz-verlag.de

Inhalt

Vögel, Federn und Meer — 6
Was ist ein Seevogel? — 7
Wie leben die Seevögel? — 8
Was ist eine Feder? — 10
Teile der Feder — 10
Federwachstum — 11
Alle Jahre wieder: die Mauser — 12
Gefiederpflege und -abnutzung — 12
Federn und die Vogelgestalt — 13
Wo saß die Feder? — 14
Federn sammeln und erforschen — 16
Gesetze und Bestimmungen für Federsammler — 16
Nationalparks am Meer — 17
Zur Benutzung dieses Buches — 17

Entenvögel — 18
Seetaucher — 50
Röhrennasen — 52
Kormoranvögel — 54
Ibisartige — 58
Reiher — 60
Greifvögel — 62
Falken — 66
Schnepfenvögel — 68
Raubmöwen — 108
Alke — 112
Möwen — 114
Seeschwalben — 128
Eulen — 136
Sperlingsvögel — 138

Bildautoren — 149
Register (deutsch) — 150
Register (wissenschaftlich) — 151

VÖGEL, FEDERN UND MEER

Wer Zeit am Meer verbringt, sieht viele Vögel: Möwen, Seeschwalben, Strandläufer und Tauchenten sind in der Luft, am Strand, auf dem Watt und auf dem Wasser fast allgegenwärtig. Mehrere Millionen Vögel leben allein an Nord- und Ostsee. Sie rasten, brüten, überwintern und mausern hier, und fast jeder Vogel muss dabei einige Federn lassen: bei der Mauser, bei Kämpfen oder sogar bei tödlichen Tragödien.

Fast ganzjährig sind deshalb angespülte Federn, Flügel oder Vögel am Strand zu finden. Wer einen Blick für die Natur hat, kann mit etwas Übung oft anhand einer einzigen Feder erkennen, welche Vogelart sich gerade im Gebiet aufhält. Dieser Naturführer soll beim Erkennen der Seevogelfedern helfen und zugleich interessante Informationen über die Seevögel selbst, ihr Aussehen und ihre Lebensgewohnheiten bieten.

Viel Spaß bei der Vogelbeobachtung am Meer und bei der Federsuche und -bestimmung!

WAS IST EIN SEEVOGEL?

Der Begriff „Seevogel" ist nicht streng definiert, sondern umfasst eine bunte Mischung von Vogelarten, die am und auf dem Meer leben und mehr oder weniger streng an diesen Lebensraum gebunden sind. Manche Seevögel verbringen das ganze Jahr an unseren Küsten, einige ziehen hier nur durch, viele überwintern auf dem Meer, und einige der Vögel, die wir bei uns sehen können, sind Gäste von fernen Küsten. An Nord- und Ostsee kann man etwa 100 verschiedene Vogelarten als Seevögel bezeichnen. Größtenteils stammen sie aus den artenreichen Familien der Möwen-, Schnepfen- und Entenvögel. Aber auch Seetaucher, Alke und Röhrennasen (Albatrosverwandte) sind typische Seevögel. Aus den bekannten Gruppen der Sing- und Greifvögel sind dagegen nur wenige Arten an die Küste gebunden.

Dieses Buch stellt eine Auswahl von 85 Seevogelarten der Nord- und Ostsee vor. Sie stammen aus den folgenden Vogelgruppen, sortiert in der heute gültigen Reihenfolge der Verwandtschaft:

• Enten- und Gänsevögel (*Anseriformes*)	21 Arten
• Seetaucher (*Gaviiformes*)	1 Art
• Lappentaucher (*Podicipediformes*)	1 Art
• Röhrennasen (*Porcellariiformes*)	1 Art
• Pelikanverwandte (*Phalacrocoraciformes*)	2 Arten
• Ibisartige (*Threskiornithiformes*)	1 Art
• Reiher (*Ardeiformes*)	2 Arten
• Greifvögel (*Accipitriformes*)	3 Arten
• Falken (*Falconiformes*)	2 Arten
• Schnepfenvögel (*Charadriiformes*)	25 Arten
• Raubmöwen (*Stercorariidae*)	3 Arten
• Alke (*Alcidae*)	2 Arten
• Möwen (*Laridae*)	8 Arten
• Seeschwalben (*Sternidae*)	4 Arten
• Eulen (*Strigiformes*)	2 Arten
• Sperlingsvögel (*Passeriformes*)	7 Arten

WIE LEBEN DIE SEEVÖGEL?

Die Lebensweisen der hier als „Seevögel" vorgestellten Arten sind überaus vielfältig. Es gibt Vollzeit- und Teilzeit-Küstenvögel, Kurz- und Langstreckenzieher und fest oder locker an die Küste gebundene Arten.

Am einen Ende der ökologischen Skala stehen die **„echten Hochseevögel"** wie Basstölpel, Tordalk, Lumme, Dreizehenmöwe und Eissturmvogel, die an steilen Küstenfelsen wie z.B. auf Helgoland brüten und den Rest des Jahres auf dem Meer verbringen. Ähnlich wie sie leben auch die Raubmöwen und die nordischen Alke, die bei uns nur als Gäste außerhalb der Brutzeit auftauchen.

Am anderen Ende der ökologischen Skala stehen die **„Nutzungsflüchtlinge"** wie Uferschnepfe, Rotschenkel und Flussseeschwalbe, die einst überall im Binnenland vorkamen, aber durch die Intensivierung der Landnutzung fast ihr gesamtes Brutareal verloren haben. Diese Arten haben sich in die großen Schutz- und Feuchtgebiete an den Küsten gerettet und sind heute nur scheinbar Küstenvögel.

Eine dritte große Artengruppe sind die **Jahresvögel** der Küsten mit echter Bindung an das Meer wie Eiderente, Brandgans, Austernfischer und die Großmöwen. Sie brüten ganz vorwiegend an der Küste und sind den Großteil des Jahres hier anzutreffen.

Ihnen ähnlich, aber im Winter abwesend, sind **Brutvögel** der Küste wie Seeschwalben und Heringsmöwe: Sie brüten in teils großen Kolonien auf geschützten Inseln an Nord- und Ostsee, ziehen aber im Winter auf der Flucht vor dem Frost weit nach Süden.

Noch mobiler als die Brutvögel sind die **arktischen Rastvögel** wie Pfuhlschnepfe, Kiebitzregenpfeifer und Knutt, die zwar mehrere Monate des Jahres an den deutschen Küsten verbringen, hier aber lediglich fressen und allenfalls mausern. Ihre Brut- und Überwinterungsgebiete liegen Tausende von Kilometern entfernt, die Brutplätze oft weit im Binnenland.

Ebenfalls Langstreckenzieher, aber länger an der Küste anwesend sind die **arktischen Überwinterer**. Hierzu zählen Pfeifente, Ringelgans und Meerstrandläufer, aber auch Schneeammer und Ohrenlerche. Sie alle brüten in den arktischen Tundren und ziehen im Winter an die Küsten Mitteleuropas, um hier die kalte Jahreszeit zu verbringen. Manche weichen bei hohen Schneelagen weiter nach Südwesten aus, während andere – wie Trauerente, Steinwälzer und Sanderling – auch kalte Winter bei uns ertragen.

Zu jeder der genannten ökologischen Gruppen gibt es auch Ausnahmen und **Zwischenformen**: Mantelmöwe und Nonnengans etwa sind überwiegend als arktische Überwinterer bei uns, brüten aber neuerdings auch mit einigen Paaren im Wattenmeer. Die Eiderente ist mit einigen hundert Paaren ein Brutvogel der Küste, zugleich aber mit zigtausend Exemplaren ein Mausergast an der Nordsee und ein Überwinterer an der Ostsee.

Der Dunkle Sturmtaucher schließlich ist ein echter Hochseevogel, allerdings „andersherum" als ansonsten üblich: Das Brutgebiet liegt in Südamerika, und im Juli und August – während des Südwinters – erreicht der Sturmtaucher auf seinen Wanderflügen die Nordsee als antarktischer Überwinterer. Echte Kenner können sogar seine Mauserfedern am Nordseestrand finden!

WAS IST EINE FEDER?

Die Feder selbst ist vor gut 150 Millionen Jahren in der Jurazeit entstanden. Wo allerdings der evolutive Ursprung unserer heutigen Vögel liegt, können die Paläontologen derzeit nicht genau sagen: Sie haben zwischen den vielen mittlerweile entdeckten gefiederten Sauriern etwas den Überblick verloren.

Das Federkleid schützt den Vogelkörper gegen Sonne, Kälte, Nässe, Hautabschürfungen und Bisse. Es kann tarn- oder warnfarbig gegenüber anderen Tieren sein, innerartlich kann es darüber hinaus Fitness oder Dominanz signalisieren. All diese Funktionen übernimmt bei den Säugetieren das Fell. Den Vögeln aber verleiht ihr Gefieder zusätzlich die viel beneidete Flugfähigkeit, die sich aus der enormen Stabilität und gleichzeitigen Leichtigkeit der Federn ergibt.

Federn bestehen wie Haare und Fingernägel aus dem Eiweiß Keratin. Sie machen höchstens 10 Prozent des Körpergewichts eines Vogels aus, enthalten aber etwa 30 Prozent der Proteinmenge des Vogelkörpers. Dies lässt erahnen, was für eine körperliche Herausforderung die jährliche Vollmauser ist, bei der innerhalb von zwei Monaten alle Federn komplett neu gebildet werden.

Reines Keratin ist farblos, aus ihm entstehen folglich weiße Federn. Braune und schwarze Federn enthalten Pigmentfarben aus der Gruppe der Melanine, wie sie auch in Haaren und Sommersprossen vorkommen. Die Färbungen Gelb und Rot beruhen auf Carotinoiden, die meistens aus Pflanzennahrung stammen. Neben den Pigmentfarben gibt es die schillernd blauen und grünen Strukturfarben, die durch Lichtbrechung in mikroskopischen Federstrukturen entstehen – so wie in einem Prisma. Oft sind auch Struktur- und Pigmentfarben überlagert, so dass einschließlich des Ultravioletts keine Farbe existiert, die nicht in Vogelfedern auftreten kann.

TEILE DER FEDER

Jede größere Feder besteht aus dem Kiel, also der stabilen „Mittelrippe" der Feder, und den beiderseitigen Fahnen, also der Federfläche. Die Fahnen bestehen jeweils aus den dünnen Federästen, die sich durch Längsreihen feinster Häkchen (Federstrahlen) nach dem Prinzip des Klettverschlusses fast automatisch zu einer Fläche zusammenheften. Blattartige Federn aus einer durchgehenden „Folie" würden vermutlich schnell einreißen und zerfransen und wären nach einer Beschädigung nicht wieder reparierbar.

Der Federkiel wird unterteilt in die Spule – also das kräftige Unterende, das größtenteils in der Haut steckt – und den Schaft, der die Federäste trägt. Bei den Hauptfedern von Flügeln und Schwanz („Großgefieder") benennt man darüber hinaus auch noch die Seiten: Die Innenfahne ist bei gestrecktem Flügel oder Schwanz die breitere und weichere Federfläche in Richtung der Körpermitte; die Außenfahne ist die schmale und festere Seite der Fahne, die vom Körper aus nach außen weist.

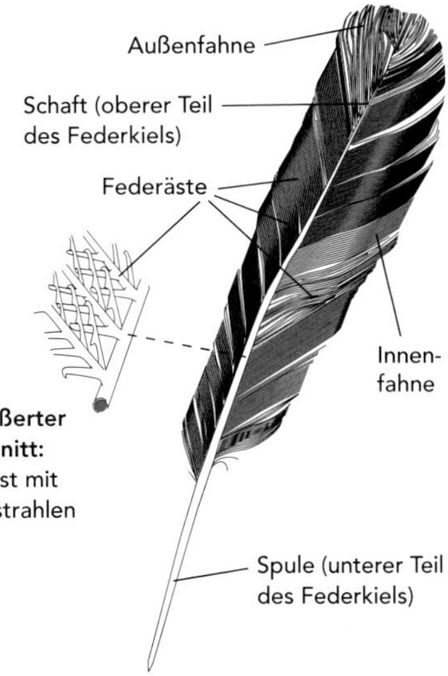

FEDERWACHSTUM

So wie unsere Haare aus einer Haarwurzel wachsen, erfolgt auch das Federwachstum in stark durchbluteten Hautporen (Follikeln). Die Spitzen der Federäste erscheinen als pinselartiges Büschel und sind zunächst von einer Hülle umschlossen. Diese Hülle blättert ab, während die wachsende Feder länger und immer weiter aus der Haut herausgeschoben wird. Ganz am Schluss, wenn die Federfahnen schon vollständig entfaltet sind, verfestigt sich in der Hauttasche der kräftige Federschaft. In seinem Inneren sieht man feine Querwände, die in den Pausen des Federwachstums entstehen: Jede Querwand entspricht einer Nacht. An für den Vogel schwierigen Tagen (etwa durch Hunger, Krankheit oder Verletzung) bekommen die gerade wachsenden Federn ausgedünnte Querbänder, die man „Hungerstreifen" nennt.

Ist das Federwachstum einmal beendet, wächst die Feder im Gegensatz zu menschlichen Haaren nicht mehr. Einzige Ausnahme sind Küken, bei denen aus den Follikeln der Babyplüschfedern die Konturfedern des Jugendkleides hervorwachsen können. Jede Jungvogelfeder trägt dann für kurze Zeit an der Spitze die Nestlingsdaune.

ALLE JAHRE WIEDER: DIE MAUSER

Viele Vögel in unseren Breiten führen nach dem Ende der Brutzeit im Spätsommer eine Vollmauser durch – die Kinder sind aus dem Haus, das Wetter ist noch gut, und ein neuer „Thermoanzug" ist für den Winter hilfreich. Außerdem können sich bei dieser Gelegenheit die Arten mit prächtiger Balzfärbung ihrer auffälligen Tracht entledigen und für den Winter eine Tarnfärbung anlegen. Im nächsten Frühjahr wachsen in einer weniger aufwendigen Teilmauser die farbigen Kleinfedern an Kopf, Brust und Rücken wieder neu. Von diesem Rhythmus weicht die Flussseeschwalbe ab, bei der die Mauser der äußeren Handschwingenhälfte um ein halbes Jahr versetzt ist, was man an der Federfarbe erkennen kann. Bei den Enten legen die Erpel kurz nach der sommerlichen Vollmauser schon im Herbst wieder das Prachtkleid an, um die Weibchen den ganzen Winter hindurch zu umwerben.

GEFIEDERPFLEGE UND -ABNUTZUNG

Vögel pflegen ihr Gefieder täglich, indem sie es mit dem Schnabel glatt streichen und dabei Fett aus der sogenannten Bürzeldrüse (hinten am Rücken) oder den feinen Staub zerfallender Puderdaunen darauf verteilen. Außerdem baden sie bei Gelegenheit in Wasser oder in feinem Staub, um Parasiten abzuspülen.

Trotz guter Pflege verliert das Gefieder im Laufe eines Jahres durch Abnutzung etwa ein Drittel seiner Substanz. Besonders an den Schwingenspitzen und im Schulterbereich sind die Federn nach einem Jahr oft zerschlissen, manche brechen ab, und insgesamt bleicht die Farbe aus. Hinzu kommen Fraßschäden durch Federlinge, die als hoch spezialisierte Parasiten im Gefieder vieler Vögel an verschiedenen Stellen vorkommen und Löcher in die Fahnen nagen (wie rechts im Bild).

FEDERN UND DIE VOGELGESTALT

Alle außen am Vogel sichtbaren Federn werden als Konturfedern bezeichnet. Darunter trägt jeder Vogel eine für uns unsichtbare „Unterwäsche" aus wärmenden Daunenfedern und einigen Sonderformen (Puderdaunen, Fadenfedern). Die Daunenschicht ist je nach Lebensweise einer Vogelart unterschiedlich ausgeprägt. Eine Eiderente spürt erst unterhalb von 2° C, dass es kühl ist, kann allerdings an heißen Tagen bei Überlandflügen an einem Hitzschlag sterben. Fadenfedern sitzen als feine „Tasthaare" unterhalb der Konturfedern und lassen den Vogel spüren, ob seine „Frisur" richtig sitzt.

Beim Konturgefieder unterscheidet man Groß- und Kleingefieder. Das Großgefieder sind die langen Schwungfedern im Flügel, bestehend aus Hand- und Armschwinge, sowie die Schwanzfedern. Die Längen der jeweils längsten Schwung- und Steuerfedern (mitsamt der individuellen Variationsbreite) sowie einige typische Farbmerkmale sind hier im Buch bei jeder Artbeschreibung angegeben. Das Kleingefieder ist sehr vielgestaltig und oft farbenfroh. Es variiert stark mit Alter und Geschlecht des Vogels. Typische Deckfedern des Körpers oder der Flügel sind bei vielen Arten hier im Buch mit abgebildet. Wirklich jede Feder sicher zu bestimmen wird leider auch mit diesem Buch nicht gelingen, da jede Vogelart zwischen 1500 (Spatz) und 25 000 (Schwan) Konturfedern hat, die aus Platzgründen leider nicht alle abgebildet werden können.

WO SASS DIE FEDER?

Entsprechend ihrer jeweiligen Funktion haben die einzelnen Federn ganz unterschiedliche Formen.

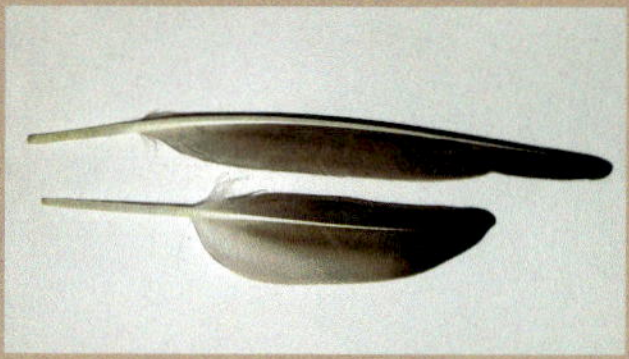

1. Mit den langen Schwungfedern der Hand wuchtet der Vogel sich in die Luft und rudert vorwärts. **Handschwingen** sind daher groß mit schmaler, fester Außenfahne und einer stabilen Spule, mit der die Feder fest im Flügel verankert ist.

2. Der gewölbte Armflügel dient als Tragfläche beim Segeln und hat daher zusätzliche Deckfederreihen, die den erforderlichen Querschnitt für den Auftrieb ergeben. Zugleich muss der Armflügel extrem platzsparend auf dem Rücken zusammenlegbar sein, daher sind **Armschwingen** kürzer als Handschwingen und seitlich gebogen. Die Spulen sind lang, weil auch Armschwingen viel Gewicht tragen und festen Halt in der Haut brauchen.

3. Die **Schwanzfedern**, auch Steuerfedern genannt, helfen dem Vogel beim – genau: Steuern. Flugakrobaten wie etwa die Seeschwalben haben lange „Balancierstangen". Bei anderen Arten sind die mittleren Steuerfedern als Schmuckfedern verlängert (Spieß- und Eisente, Fasane). Die Spule der Schwanzfedern muss bei manchen Flugmanövern viel Kraft übertragen und ist daher sehr dick. Da der gesamte Schwanz aus fast einem einzigen Punkt entspringt, ist die Spule kurz, und die äußeren Schwanzfedern sind zunehmend asymmetrisch. Meist haben sie einen seitlichen Knick nach etwa einem Drittel der Kiellänge.

Wer Hand-, Arm- und Schwanzfedern erkennt, kann schon viele Vogelarten identifizieren. Die Verteilung aller wichtigen Federtypen am Vogelkörper ist auf der hinteren Umschlaginnenseite dargestellt.

Weitere typische und oft gut erkennbare Federtypen sind:

4. Die **Handdecken** haben auffallend große Spulen und eine sehr starre Fahne. Sie sitzen am Grunde der Handschwingen, um diese zu stützen.

5. Der **Daumenfittich** (Alula) besteht aus bis zu drei sehr asymmetrischen, spitzen und in sich gewölbten kleinen Federn, die eine Art „Bremsklappe" für Landemanöver bilden.

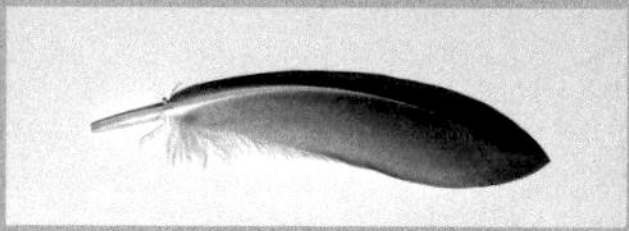

6. Die **Armdecken** sitzen über den Armschwingen und sind ähnlich wie diese seitlich gebogen, haben aber nur eine zarte Spule. Große, mittlere und kleine Armdecken bilden in mehreren Reihen den Deckflügel und sind mit ihrer Färbung deutlich auf dem Rücken des ruhenden Vogels zu sehen. Sie werden beim Farbwechsel zwischen Pracht- und Schlichtkleid jedes Mal gemausert.

7. Bei vielen Arten sind die innersten Armschwingen, die bei gefaltetem Flügel oben auf dem „Stapel" der Armfedern liegen, verlängert, verbreitert und farbig. Sie heißen dann **Schirmfedern** und beschirmen die wertvollen Schwungfedern gegen die Witterung.

8. Ähnlich wie die Schirmfedern, aber oft noch weicher und stärker gebogen sind die **Schulterfedern**. Sie können ebenfalls Teile des Rückens bedecken oder zu eigenartigen Schmuckfedern umgewandelt sein (etwa beim Schell- oder Löffelerpel).

Die übrigen Deck- oder Kleinfedern eines Vogels sind meist deutlich gewölbt und haben viele Daunenstrahlen am Grund. Sie stammen von Kopf, Hals, Bauch oder Rücken und können markant gefärbt sein, sind aber oft schwer zuzuordnen.

FEDERN SAMMELN UND ERFORSCHEN

Das Sammeln von Federn ist eine vielseitige Form der Beschäftigung mit der Natur. Je nach persönlicher Sorgfalt und Ausdauer kann das Sammeln als echte Federforschung gestaltet werden. Dann müssen jedem Fund Fundort und -datum eindeutig zugeordnet werden. Die Federn können in Umschlägen gelagert, auf Kartonbögen aufgeklebt oder in geschlitzte Papierbögen eingesteckt werden. Wichtig ist, die Federsammlung vor Schädlingen wie Museumskäfern, Staubläusen und anderen Spezialisten in der Keratinverdauung zu schützen, indem man sie luftdicht lagert (Gefrierboxen, Zip-Tüten, Insektenkästen) und sie regelmäßig kontrolliert und desinfiziert (Mottenpapier, Backofen 70° C x 2 Std., Gefriertruhe –20° C x 2 Wo.). Empfehlenswert ist der Kontakt zu anderen Federkundlern (Plumologen), um Daten und Wissen auszutauschen.

Unwissenschaftlich, aber ästhetisch wertvoll sind Bastelarbeiten mit Federn: Mobiles, Bilder und Gestecke können viel Freude an der Schönheit der Federn vermitteln.

GESETZE UND BESTIMMUNGEN FÜR FEDERSAMMLER

Wildvögel und ihre einzelnen Körperteile, also auch jede Feder, unterliegen entweder dem Jagd- oder dem Naturschutzrecht. Welche Vögel „jagdbar" sind und damit dem jeweiligen Revierjäger gehören – auch wenn sie tot am Straßenrand liegen oder vom Habicht gerupft wurden –, ist aus dem Bundesjagdgesetz und den Ländergesetzen zu ersehen. Mit Zustimmung des örtlichen Jägers darf man sich diese Federn und Totvögel aneignen.

Alle nicht jagdbaren Arten, angefangen von der Amsel, sind geschützte oder sogar besonders geschützte Arten. Um zum Beispiel die Federn geschützter Arten in Besitz nehmen zu dürfen, kann man bei der Naturschutzbehörde jedes Landkreises einen Antrag stellen. Bei „besonders" oder „streng" geschützten Arten gemäß Bundesartenschutzverordnung wird man als Anfänger allerdings noch keine Genehmigung bekommen, doch fortgeschrittene Federforscher können auch hierfür Anträge stellen.

Vergleichsmaterial mit vollständigen Rupfungsbildern findet sich im Internet,
z. B. auf www.gefiederkunde.de, www.vogelfedern.de, www.ornithos.de,
www.michelklemann.nl und www.federn.org.

Abschließend gilt es noch den Aspekt der Hygiene zu beachten: Natürlich können Vögel gesundheitsschädliche Keime tragen – das gilt allerdings auch für Geldscheine, Türklinken und Steaks aus dem Supermarkt. Beim Hantieren mit Federn sollte man nicht gleichzeitig essen, sollte Schleimhautkontakte (Augen!) vermeiden und anschließend immer gründlich die Hände waschen. Tote Vögel greift man mit einer über die Hand gezogenen Plastiktüte, die man über das Tier krempelt. Auf mögliche Vogelseuchen (Botulismus, „Vogelgrippe") und amtliche Verfügungen ist natürlich zu achten.

NATIONALPARKS AM MEER

Zu allen Zeiten mussten Vögel den Menschen in erster Linie als Jäger kennenlernen. Daher wirkt in der Natur jeder Mensch als Vogelscheuche – wenn er einen Hund dabeihat, sogar ganz besonders. Viele der für die Vögel lebenswichtigen Ruheplätze sind heute gekennzeichnete Schutzgebiete, die nicht betreten werden dürfen. Zusätzlich gibt es an Nord- und Ostsee die Nationalparks, die nach dem Motto „Natur Natur sein lassen" die Küstenlandschaften großflächig erhalten sollen. Das Betreten der Nationalparks ist grundsätzlich gestattet; nur Teilflächen sind – oft für den Vogelschutz – gesperrt.

ZUR BENUTZUNG DIESES BUCHES

Federmaße: Die in den Artbeschreibungen genannten Maße der jeweils längsten Feder aus Flügel und Schwanz sind die Schwankungsbreiten, wie sie von Robert März (1969) in seinem Klassiker „Gewöll- und Rupfungskunde" angegeben sind. Jungvögel können um bis zu 10 Prozent kürzere Federn haben.

Die auf den Federfotos verwendeten Abkürzungen sind auf der Umschlaginnenseite des Buches am Beispiel einer Küstenseeschwalbe erklärt.
Die Häufigkeitsangaben am Beginn der Artbeschreibung bedeuten:

●○○○○ = bis 100, ●●○○○ = bis 1000, ●●●○○ = bis 10000,
●●●●○ = bis 100000, ●●●●● = über 100000.

Höckerschwan *Cygnus olor*

Status: Brutvogel, Wintergast, ganzjährig
Häufigkeit: Brut ●●○○○ Gast ●●●○○

Lebensweise:

Wer Schwäne nur aus dem Park kennt oder glaubt, dass sie überall – wie beispielsweise in Hamburg – von Stadtbediensteten durch den Winter gefüttert werden, wird staunen, wenn er bei Rügen plötzlich 1000 Schwäne auf der Ostsee sieht. Der Höckerschwan besiedelt nährstoffreiche Flachgewässer Europas und Westasiens, wobei er dank menschlicher Unterstützung viele zusätzliche Gebiete erobert hat. Zur Mauserzeit bilden sich wie bei Gänsen und Enten große Mauserschwärme auf nahrungsreichen Gewässern. Schwäne leben in Einehe und sind sehr territorial: Revierkämpfe kommen häufig vor und können tödlich enden. Feinde werden mit Flügelschlägen vertrieben, so dass der Schwan kaum natürliche Feinde hat. Er wird jedoch gejagt und hat in schneereichen Wintern eine hohe Sterblichkeit. Abgesehen davon können Schwäne sehr alt werden: Bis zu 40 Jahre sind nachgewiesen!

Familienglück
Auch in der Nachbarschaft menschlicher Siedlungen brütet der wehrhafte Höckerschwan oftmals erfolgreich. Bei Gefahr plustert sich das bis zu 12 kg schwere Männchen auf und greift an.

Aussehen:

Als Altvogel ist der Höckerschwan schneeweiß mit orangem Schnabel und schwarzem „Höcker" am Schnabelansatz. Die Jungvögel hingegen sind über den Winter bis zum nächsten Frühjahr von einem hellen Graubraun. Mit einer Länge von 430–450 mm sind die Schwungfedern des Schwans um stolze 10 cm länger als beim Silberreiher oder der Hausgans und sogar 15 cm länger als die des Löfflers. Arttypisch ist, dass die drei äußeren Handschwingen zum Ende an der Innenseite allmählich verengt sind, während sie beim ansonsten sehr ähnlichen Singschwan innen plötzlich verschmälert sind. Die Schwanzfedern des Höckerschwans sind 190–250 mm lang, wobei er 22 bis 24 Stück besitzt, also doppelt so viele wie die meisten anderen Vögel. Mauserfedern des Höckerschwans sind nach der Brutzeit ab Juli in der Umgebung seiner Wohngewässer zu finden.

Größter Schwan: der Singschwan
An seinem gelb-schwarzen Schnabel ist der nur minimal größere Singschwan (Cygnus cygnus) zu erkennen, der melodisch trompetet. Deutlich kleiner ist der nicht abgebildete Zwergschwan.

ENTENVÖGEL

Das weiße Gefieder der Schwäne signalisiert Artgenossen: „Dieses Revier ist schon vergeben!"

Maßstab 1:3

Ringelgans *Branta bernicla*

Status: Durchzügler
Häufigkeit: Brut ○○○○○ Gast ●●●●●

Lebensweise:
Die Ringelgans als hocharktischer Brutvogel überwintert in der gemäßigten Region. Von ihren drei Unterarten zieht die schwarzbäuchige Rasse von Alaska nach Kalifornien, die hellbäuchige von Spitzbergen nach Dänemark und die dunkelbäuchige von der sibirischen Taymir-Halbinsel in das Wattenmeer und nach Westeuropa. Nach ungeregelter Bejagung der Brutvögel in der Stalinzeit (1927–1953) stand die Ringelgans um 1950 am Rand des Aussterbens. Durch internationale Schutzbemühungen hat sie sich wieder auf 200 000 Exemplare erholt. Die Ringelgans lebt in Familienverbänden und hat in sogenannten Lemmingjahren, wenn Polarfüchse, Möwen und Schneeeulen die reichlich vorhandenen Lemminge fressen, guten Bruterfolg. Im Wattenmeer grasen die Ringelgänse auf Seegras- und Salzwiesen und werden im April auf Nordfrieslands Halligen mit den „Ringelganstagen" begrüßt.

Organischer Dünger: Ringelganskot
Etwa alle vier Minuten lässt jede Gans ein „Würstchen" fallen. Sturmfluten spülen diese – ähnlich wie Schafkot – zu regelrechten Komposthaufen zusammen.

Aussehen:
Aus der Ferne sieht die Ringelgans fast schwarz aus mit weißem „Puschel-Po". Aus der Nähe betrachtet sind nur die Schwung- und Schwanzfedern grauschwarz, während die übrigen Körperfedern mittelgrau mit teils hellen Rändern sind. Der weiße Halsring der Gans erscheint bei den Jungvögeln erst ein Jahr nach der Geburt, wenn sie auch ihre Flügeldeckfedern wechseln. Diese haben bei den Jungen einen weißen Hinterrand und bilden drei helle Linien auf dem Rücken, was Vogelkundler scherzhaft als „Adidas-Streifen" bezeichnen. Mit einer Maximallänge von nur 240–250 mm sind die Handfedern der Ringelgans kleiner als bei jeder anderen heimischen Gans und ähneln denen der Brandente, die jedoch schwärzer sind. Die dunkelgrauen Schwanzfedern der Ringelgans sind 120–130 mm lang und oft im Frühjahr zu finden.

Ringelgans ohne Ringel: Jungvogel
Junge Ringelgänse sind etwas kleiner als die ausgewachsenen Exemplare und haben helle Hinterkanten an Deck- und Schwanzfedern. Erst nach der Überwinterung erscheint im Frühjahr der weiße Halsring.

Das Gefieder der Ringelgans isoliert so gut, dass sie problemlos auf Schnee sitzen kann.

Maßstab 1:2

Nonnen- oder Weißwangengans *Branta leucopsis*

Status: Durchzügler, Wintergast, selten Brutvogel
Häufigkeit: Brut ●●○○○ Gast ●●●●●

Lebensweise:
Wie die Ringelgans ist auch die Nonnen- oder Weißwangengans ein arktischer Brutvogel, doch hat sie in den letzten Jahrzehnten schrittweise ihr Brutgebiet bis nach Norddeutschland erweitert. Generell haben Gänse in den letzten Jahrzehnten zugenommen – wahrscheinlich aufgrund der landwirtschaftlichen Düngung und optimalen Winterversorgung mit Grünfutter. Um Konflikte mit der Landwirtschaft zu begrenzen, soll den Gänsen künftig systematisch mit der Flinte „beigebracht" werden, wo sie geduldet werden und auf welchen Flächen sie unwillkommen sind. Wenn die Vögel planlos verscheucht werden, verbrauchen sie zusätzliche Energie, und die Fraßschäden weiten sich aus. In der Tundra brütet die Nonnengans oft an Steilwänden, daher hat sie lange Daumenfittiche, die als „Bremsklappen" zum Anfliegen ihrer Nestnischen dienen.

Prachtvoller Anblick: Tausende von Nonnengänsen
Um 1950 noch am Rande der Ausrottung mit nur 15 000 Vögeln, hat sich die Nonnen- oder Weißwangengans grandios erholt: Mittlerweile strebt sie auf die Millionengrenze zu.

Aussehen:
Die Nonnengans sieht schon aus der Ferne kontrastreich schwarz-weiß aus, was auf ihrem scharf abgesetzten schwarzen Hals beruht. Aus der Nähe ist auch ihr Rücken deutlich gemustert, denn jede der hell bläulich-grauen Deckfedern hat eine schwarz-weiße Hinterkante, die bei Altvögeln besonders ausgeprägt ist. Mit 280–300 mm sind ihre längsten Flügelfedern ähnlich groß wie bei den kleinen grauen Gänsen (Zwerg-, Bläss- und Saatgans), jedoch ist das Großgefieder der Nonnengans deutlich schwärzer. Dies gilt auch für ihre 135–155 mm langen Schwanzfedern, die im Herbst oft an der Wattenmeerküste zu finden sind.
Die Federn der Jungvögel sind insgesamt kontrastärmer gezeichnet, was im Gelände schwer zu unterscheiden, aber aus der Nähe schon anhand einzelner Flügeldeckfedern gut erkennbar ist.

Weiße Wange, sonst ganz anders: die Kanadagans
Die nach Europa eingeschleppte, oftmals sehr große Kanadagans (Branta canadensis) hat ebenfalls einen schwarzen Hals, ist aber auf ihrer Oberseite braun. Bei ihr ist nur ein länglicher Wangenfleck weiß.

ENTENVÖGEL

Der Kontrast aus Schwarz, Weiß und Grau ergibt bei der Nonnengans ein sehr attraktives Federkleid.

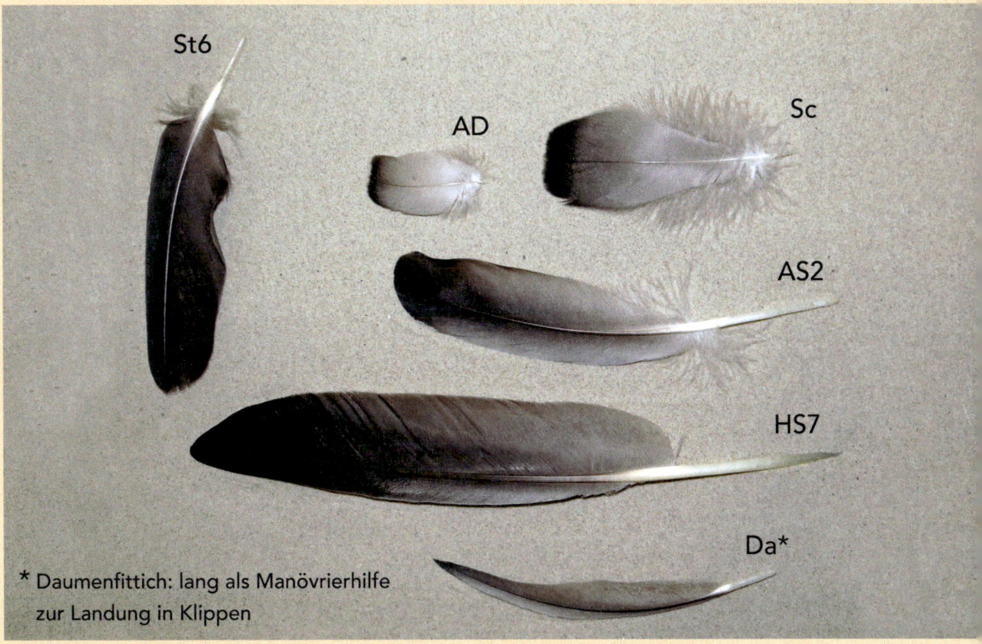

Maßstab 1:3

Graugans *Anser anser*

Status: Brutvogel, Durchzügler, ganzjährig
Häufigkeit: Brut ●●●○○ Gast ●●●●○

Lebensweise:
Als Stammart der Hausgans, die Europa seit Jahrtausenden mit Bettfedern, Weihnachtsbraten und Eiern versorgt, hätte die Graugans eigentlich Besseres verdient, als um 1970 fast ausgerottet worden zu sein. Aus vielen Ländern Europas war sie damals aufgrund von übermäßiger Bejagung verschwunden. Inzwischen hat sie sich durch einen konsequenten Schutz von einst 20 000 auf derzeit 300 000 Exemplare erholt. Traditionell ziehen Graugänse spät im Herbst in V-Formation (ohne feste Leitgans!) nach Süden und überwintern im Mittelmeerraum. Immer öfter bleiben sie aber auch ganzjährig in Mitteleuropa. Außerdem bilden sich neue Mausertraditionen, denn im Juli, wenn sie durch die Schwingenmauser flugunfähig werden, brauchen die Gänse sichere Gewässer zum Federwechsel. Graugänse leben in Dauerehe, mitunter auch als homosexuelles Paar, und brüten pro Jahr vier bis sechs Eier aus.

Flauschig, gelb und österlich
Anfang April, um Ostern herum, schlüpfen die Gössel. In ihren ersten Tagen haben sie gelbe Daunen, färben dann aber bald nach Grau um.

Aussehen:
Die Graugans ist eine von insgesamt fünf in Mitteleuropa anzutreffenden grauen Gänsen, die im Gelände, aber vor allem auch anhand von Federmerkmalen nicht leicht unterscheidbar sind. Saat- und Kurzschnabelgänse haben dunkle Zeichnungen auf dem orangen Schnabel, Bläss- und Kurzschnabelgänse tragen einen weißen Federring am Schnabelansatz. Bei der Graugans fehlen diese Merkmale, stattdessen sind ihre Beine rosa, was sonst nur bei der Kurzschnabelgans vorkommt. Die grauschwarzen Schwungfedern sind mit 320–350 mm im Schnitt größer als bei den vier anderen Arten und stellenweise hellgrau „überhaucht". Die Ränder der schwarzbraunen Armschwingen sind scharf hell umrandet. Die 155–165 mm langen Schwanzfedern sind am Rand weiß, bei Altvögeln sind die äußersten Federn sogar komplett weiß.

Grau, aber anders: die Saatgans
Die Saatgans (Anser fabalis) hat orange Beine und eine schwarze Schnabelzeichnung. Sie ist wie die Bläss-, Zwerg- und Kurzschnabelgans in Deutschland nur als Zugvogel anzutreffen.

Aus der Nähe betrachtet haben die meisten Federn der Graugans eine helle Kante.

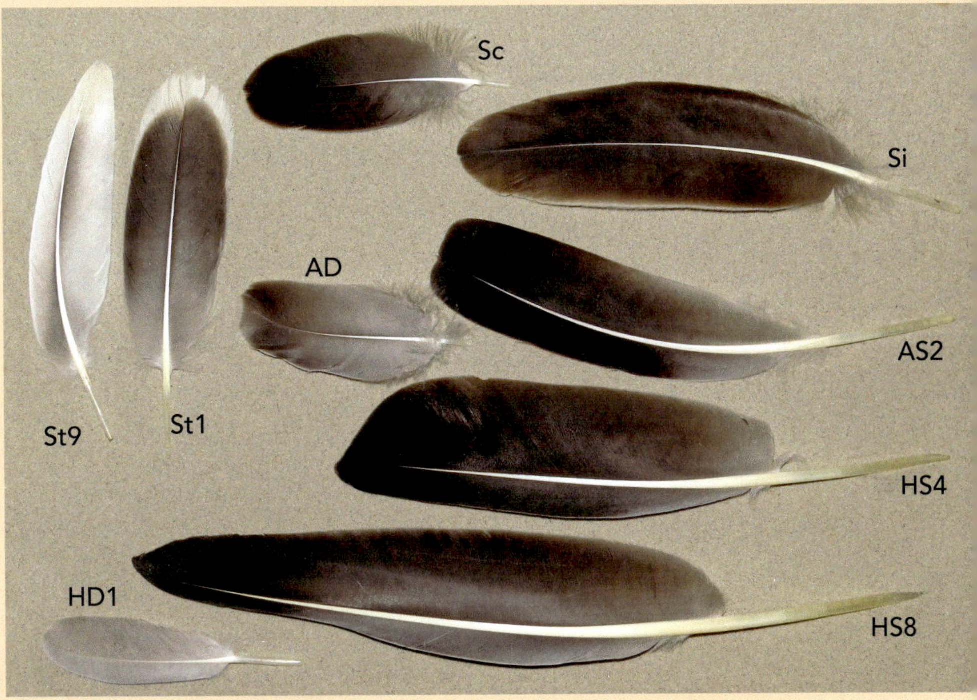

Maßstab 1:3

Brandgans *Tadorna tadorna*

Status: Brutvogel, Mausergast, ganzjährig
Häufigkeit: Brut ●●●○○ Gast ●●●●●

Lebensweise:
Fast ganzjährig sind Brandgänse an der Nord- und Ostsee zu beobachten. Eigentlich gehören sie zu der Gruppe der Enten, denn wie diese sind sie Fleischfresser und ernähren sich von Wattschnecken und anderen Kleintieren, die sie mit ihrem breiten Schnabel aus dem weichen Schlick filtern. Dass bei der Brandgans jedoch beide Geschlechter gleich gefärbt sind, ist eher ein typisches Merkmal der Gänse. Brandgansweibchen können nur deshalb so farbig sein, wie sie sind, weil sie versteckt in Erdhöhlen brüten. Da Höhlen aber knapp sind, mogeln wohnungslose Weibchen gerne „Kuckuckseier" in fremde Nester, wenn die eigentliche Bewohnerin einmal ihre Höhle verlässt. In Eiswintern weichen Brandgänse Richtung Südwesten aus, und Jungvögel gelangen bis Nordafrika, doch einen regelmäßigen Zug gibt es kaum.

Vollversammlung der Brandgänse: 200 000 Vögel
Im August fliegen 80 Prozent der Brandenten Mitteleuropas zur Insel Trischen in Schleswig-Holstein, wo sie auf dem Watt ihre Flugfedern mausern. Auch im Winter sind Brandgänse oft gesellig.

Aussehen:
Die Brandgans ist ein kontrastreich weiß-schwarzer Entenvogel mit rostbraunem Brustring, welcher nur bei den eher weißlichen Jungvögeln fehlt. Im Flug sind die schwarzen Schwungfedern der Tiere gut zu sehen, die bei angelegten Flügeln größtenteils vom weißen Deckgefieder oder den sehr markanten rostbraunen Schirmfedern verdeckt werden. Die längsten Flügelfedern sind 220–255 mm groß und schwarz, jedoch an der Basis und bei Jungvögeln an der Spitze mit etwas weißer Färbung versehen. Wie bei Enten sind die Armschwingen metallisch glänzend, in diesem Fall dunkelgrün. Die Schwanzfedern sind breit, 118–140 mm lang und weiß mit schwarzer Spitze. Alle farbigen Kleinfedern sind nur in der Außenhälfte rostbraun oder schwarz, unten dagegen scharf weiß abgesetzt.

Unverwechselbare Schönheit: Schirmfeder der Brandente
Die dreifarbige Schirmfeder ist die vielleicht schönste Feder der Meeresküste. Pro Flügel tritt sie in drei Exemplaren auf, bei Jungvögeln ist sie rostbraun mit Grau.

ENTENVÖGEL

Die Erpel der Brandente sind – abgesehen von ihrem Verhalten – an einem Schnabelhöcker erkennbar.

Maßstab 1:2

Pfeifente *Anas penelope*

Status: Durchzügler, Wintergast, selten Brutvogel
Häufigkeit: Brut ●○○○○ Gast ●●●●●

Lebensweise:
Die Pfeifente ist eine nordische Brutvogelart, die ganz ausnahmsweise auch in Feuchtgebieten Norddeutschlands brütet. Ihr eigentliches Brutgebiet reicht von Schottland, Island und Norwegen quer durch Sibirien bis zum Pazifik. Mehrere 100 000 Pfeifenten verbringen den Winter an Mitteleuropas Küsten. Bei Schneefall haben sie für drei Tage Fettreserven und weichen dann südwestwärts aus. Die Pfeifente als unser kleinster vegetarischer Wintergast muss bei Kälte bis zu 20 Stunden am Tag fressen. Im Auge hat sie eine Reflektorschicht (vergleichbar mit einem Katzenauge), was ihr nächtliche Aktivität erlaubt – mit Übergriffen auf Winterweizen und Raps. Markant ist das hohe Pfeifen der Männchen, das auch nachts oft zu hören ist. Pfeifenten sind oft Opfer von Greifvögeln, Raubwild und menschlicher Bejagung.

Wurzelwühler: Pfeifenten fressen Seegrasrhizome
Im Herbst nutzen Pfeifente und Ringelgans gemeinsam die Seegraswiesen, wobei sie die Rhizome (Ausläufer) aus dem Boden „trampeln". Lohnt dies nicht mehr, wechseln sie an Land.

Aussehen:
Im Freiland ist die Pfeifente im Herbst und Winter meist schon an ihrer Vielzahl und dem im Flug deutlich sichtbaren hellen Bauch zu erkennen. Erwachsene Männchen haben zudem weiße Armdecken, die beim Fliegen aufblitzen, ansonsten aber durch das graue Schultergefieder verdeckt sind. Die Schwungfedern der Pfeifente sind wie bei allen Schwimm- oder Gründelenten graubraun und mit einer Größe von 180–197 mm Maximallänge mittelgroß. Auch die 14 bis 16 Schwanzfedern sind mit einer Länge von 85–117 mm sehr variabel und wenig charakteristisch. Der metallische Spiegel in der Armschwinge ist grün auf schwarzem Grund, die Federspitzen sind hell gesprenkelt. Sehr markant sind im Herbst die gemauserten Schirmfedern mit ihrem feinen weißen Rand sowie die Schulterfedern, die bei Weibchen braun, teils mit Querbändern sind, bei Männchen grau mit feiner Sprenkelung.

Tarnfarbig: Weibchen zur Brutzeit
Wie fast alle Entenweibchen ist die Pfeifente in der Brutzeit tarnfarbig. Der zierliche blaugraue Schnabel mit dunkler Spitze ist ein brauchbares Erkennungsmerkmal.

Pfeiferpel sind auch aus großer Entfernung gut anhand ihres hellen Stirnflecks erkennbar.

Maßstab 1:2

Krickente *Anas crecca*

Status: Brutvogel, Durchzügler, Wintergast
Häufigkeit: Brut ●●●○○ Gast ●●●●○

Lebensweise:
Die Krickente ist einer der Vögel, die ihren Namen ihrem charakteristischen Ruf verdanken – bei der Balz hört man die Erpel auf dem Wasser oder bei Paarflügen über dem Nestrevier laut „kriiiek"en. Danach werden die Enten fast unsichtbar, denn sie nisten – von Island bis Japan – bevorzugt in dichter Ufervegetation und halten sich dort versteckt auf. Nach der Brut und Aufzucht der bis zu elf Jungen erfolgt weiterhin unauffällig die Mauser, die anders als bei anderen Entenvögeln nicht in Riesenschwärmen auf großen Gewässern stattfindet. Im Herbst und Winter wird die Krickente wieder sichtbar, da sie gerne in Süßwasserwatten und Lagunen nach Samen und Kleintieren gründelt. Die nordischen Brutbestände überwintern im Mittelmeerraum und zum Teil sogar in Zentralafrika.

Früher noch häufiger
In Anbetracht der riesigen Stückzahlen der Krickente, die im 19. Jahrhundert in den Vogelkojen Frieslands gefangen wurden, muss diese Art früher noch deutlich häufiger gewesen sein.

Aussehen:
Abgesehen von der sehr seltenen Knäkente ist keine heimische Ente so klein wie die Krickente. Während das Weibchen sehr merkmalsarm ist, ist das Männchen schon von weitem an seinem braun-grünen Kopf und dem gelblichen Fleck am Unterschwanz gut erkennbar. Sein Kleingefieder ist hellgrau mit feiner Querbänderung. Die längsten Handschwingen sind nur 129–147 mm lang und damit deutlich kleiner als bei den anderen häufigen Enten. Der Flügelspiegel ist kräftig grünmetallisch mit feinen hellen Federrändern. Meist hat die Krickente 16 Schwanzfedern, die 69–85 mm lang und graubraun mit hellen Rändern und Spitzen sind.
Rupfungen, also die Federn gefressener Krickenten, sind relativ häufig zu finden, da die Art so klein ist, dass sie für Sperber, Habicht und Falken eine gut zu bewältigende Beute ist.

Ente ohne besondere Merkmale: die weibliche Krickente
Der deutliche Augenstreif und die doppelt hell geränderten Deckfedern sind Merkmale, die in Kombination mit der Größe die weibliche Krickente sicher bestimmbar machen.

Kleinfedern mit feinem Streifenmuster kommen bei vielen Enten vor, nicht nur beim Krickerpel.

Maßstab 1:1

Stockente *Anas platyrhynchos*

Status: Brutvogel, ganzjährig
Häufigkeit: Brut ●●●●○ Gast ●●●●●

Lebensweise:
Unter den Enten dieser Welt ist die Stockente der „Kulturfolger" schlechthin. Sie schreckt selbst vor Blumenkübeln auf Dachterrassen als Brutplatz nicht zurück und dürfte als Feinde vor allem Ratten, Terrier und Autoreifen kennen. Ihre Ansprüche an Wasserflächen sind minimal, und im Prinzip kann man beinahe überall einer Ente mit bis zu zehn braun-gelben Küken begegnen. Im April, am Ende der Balzzeit, kann man mitunter unerquickliche Szenen beobachten, wenn sich bis zu zehn Erpel auf die letzte unverpaarte Ente stürzen. Im Siedlungsbereich sieht man oft fehlfarbige Exemplare mit weißem Halsring oder völlig bizarrer Färbung. Der Großteil der 600 000 Stockenten in Deutschland lebt allerdings weiterhin als „Wildente" im Freiland und ist auch auf Küstengewässern häufig.

Genetisches Durcheinander
Fehlfarbige „Bastarde" sind Rückkreuzungen mit verwilderten weißen Hausenten, die ursprünglich von der Stockente abstammen. Man sieht fehlfarbige Tiere vor allem in Städten.

Aussehen:
Jedes Kind, das einmal Enten gefüttert hat, dürfte die Stockente kennen. Der Erpel ist unverkennbar mit seinem grün-blaumetallischen Kopf, seinem grauen Körper und den schwarzen Schwanzdeckfedern in Form der „Erpellocke". Das Weibchen ist tarnfarbig und ähnelt den anderen weiblichen Gründelenten sehr. Sie hat jedoch einen strahlend blauen Flügelspiegel mit weißem Rand, während dieser bei der Schnatterente weiß, bei Spieß- und Löffelente grün ist.
Die längsten Flügelfedern der Stockente erreichen eine Länge von 187–215 mm, ihre Kiele sind hornfarben. Die Schwanzfedern sind 96–113 mm lang, beim Erpel weiß mit Grau, bei den Weibchen graubraun mit variabler Musterung. Zur Mauserzeit sind an Parkteichen oft die blauen, weiß geränderten Armschwingen zu finden, aber auch die sehr breiten braungrauen Schirmfedern.

Stockerpel im Schlichtkleid
Im Sommer wechseln die Stockerpel für wenige Wochen in ein braunes Schlichtkleid. Da ihnen alle Schwungfedern gleichzeitig ausfallem und wieder nachwachsen (Pfeil), sind sie für einige Wochen flugunfähig.

Im Flugbild ist der blaumetallische „Spiegel" im Armflügel der Stockente wunderschön zu sehen.

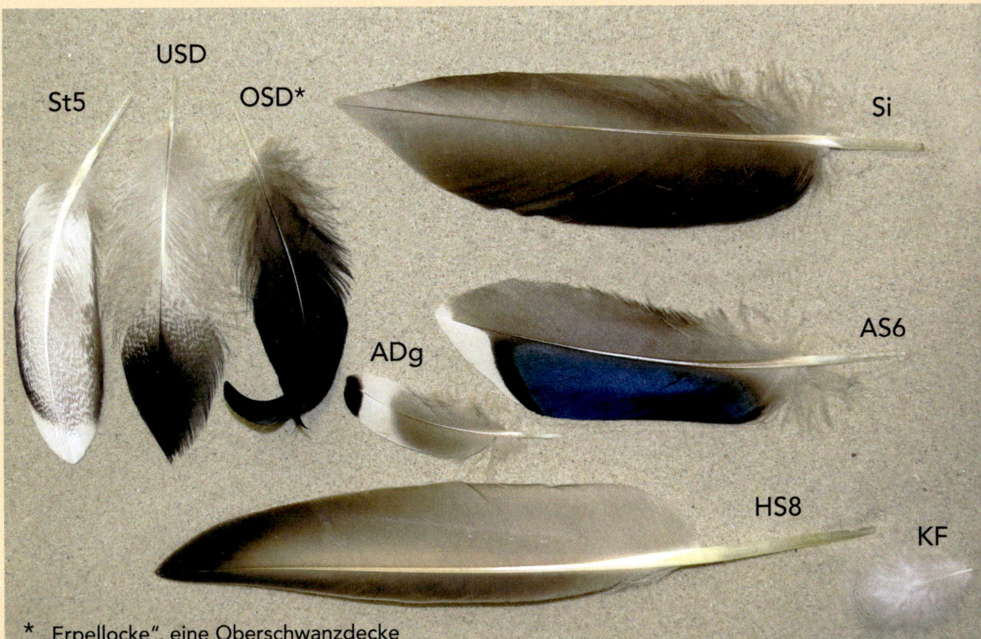

* „Erpellocke", eine Oberschwanzdecke

Maßstab 1:2

Spießente *Anas acuta*

Status: Durchzügler, selten Brutvogel
Häufigkeit: Brut ●○○○○ Gast ●●●○○

Lebensweise:
Keine andere Ente der Welt hat ein so großes Verbreitungsgebiet wie die Spießente. Rund um die Nordhalbkugel besiedelt sie die gesamte Tundra und Teile des Waldgürtels. Trotzdem ist sie in Deutschland ein eher seltener Brutvogel und vor allem als Wintergast auffällig, wenn sie in größeren Schwärmen im Wattenmeer und auf Binnengewässern rastet. Dank ihres langen Halses können Spießenten tiefer gründeln, also im Boden eines Gewässers nach Nahrung suchen, als andere Enten. Sie holen sich Pflanzenteile und Kleintiere vom Gewässergrund, fressen aber auch Reste auf Getreidefeldern. Die Spießente ist ein guter Langstreckenflieger und kann sogar Ozeane überqueren. Auf Hawaii überwintern sibirische Spießenten, und ein in Nordostkanada beringter Vogel wurde neun Tage später in England geschossen. Auch in Deutschland dürfen Spießenten im Winter bejagt werden.

Vogelkojen: Lockteiche für Wildenten
Im 19. Jahrhundert wurden Spießenten jeden Herbst zu Tausenden in sogenannten „Vogelkojen" gefangen. Diese speziellen Teichanlagen zur Anlockung von Wildenten sind heute noch vielerorts zu sehen.

Aussehen:
Die Spießente ist fast ebenso groß wie die Stockente, aber etwas langhalsiger als diese. Während das Weibchen nur an seinem bronzefarbenen Flügelspiegel sicher zu erkennen ist, ist der Spießerpel schon auf größte Entfernung unverwechselbar: Seine langen Schwanzspieße und der weiße Hals mit brauner Kopfmaske unterscheiden ihn deutlich von jeder anderen heimischen Ente Europas. Die Handschwingen sind heller als bei der Stockente und mit 180–197 mm Maximallänge auch etwas kürzer. Der Flügelspiegel in der Armschwinge ist bronze-metallisch mit einem breiten weißen Endsaum. Die Schwanzfedern sind bei beiden Geschlechtern zugespitzt, wobei sie beim Weibchen braun mit hellen Schrägstrichen und maximal 105 mm lang sind. Beim Erpel ist der Schwanz grau, die schwarzen Mittelfedern erreichen eine Länge von 208 mm.

Schlichte Schönheit, blauer Schnabel
Die weibliche Spießente sieht der Stock- und Schnatterente sehr ähnlich, hat jedoch einen blaugrauen Schnabel und einen geringfügig längeren Hals.

ENTENVÖGEL

Spießenten sind vor allem im Winter bei uns zu sehen, allerdings gehen sie nur selten an Land.

Maßstab 1:2

Löffelente *Anas clypeata*

Status: Brutvogel, ganzjährig
Häufigkeit: Brut ●●○○○ Gast ●●●○○

Lebensweise:
Wie alle Gründelenten sucht auch die Löffelente im Flachwasser nach Nahrung, kann aber bei Bedarf auch tauchen. Ihr Verbreitungsgebiet reicht im Waldgürtel rund um die Nordhalbkugel. Hier besiedelt sie nährstoffreiche Flachgewässer und hat mit der zunehmenden Düngung der Landschaft ab 1900 ihr Brutgebiet in Mitteleuropa stark ausgeweitet. Die Löffelente ist nirgendwo wirklich häufig und brütet mit nur 3000 Paaren in Deutschland. Traurige Berühmtheit erlangte diese Art bei der Vernichtung ihres Mauserplatzes im Süßwasserwatt des Mühlenberger Lochs bei Hamburg für den Bau einer „mittelbar gemeinnützigen" Airbus-Montagehalle. Zur Überwinterung ziehen die Löffelenten südwestwärts in den Mittelmeerraum und nach Afrika. Durch nachrückende russische Brutvögel ist diese Art aber ganzjährig im Küstengebiet präsent.

Nicht nur Wale haben Barten
Die kammartigen Schnabelkanten der Löffelente dienen wie die Barten der großen Wale als Sieb, um Wasserflöhe, Insektenlarven und Kaulquappen aus dem Wasser zu filtern.

Aussehen:
Keine andere Ente Europas hat einen so breiten Schnabel wie die Löffelente. Hieran ist auch das sonst farblich unauffällige Weibchen sicher erkennbar. Der Erpel könnte mit einer Brandgans verwechselt werden, hat jedoch den kürzeren Hals und ein im Flug sichtbares blaues Feld auf der Armdecke. Die längsten Handschwingen sind mit 168–190 mm kürzer als bei Spieß- und Stockente, außerdem haben sie weiße statt hornfarbene Kiele. Der Flügelspiegel der Löffelente ist grünlich auf schwarzem Grund, wobei die Armfedern keinen weißen Rand haben. Beim Männchen ist der Schwanz außen weiß, nach innen graubraun mit weißen Kanten und 85–115 mm lang. Die Schwanzfedern des Weibchens sind graubraun gemustert wie bei der Stockente. Einmalig sind die blauen Armdecken des Männchens und seine blau-weiße Schulterfeder.

Unübersehbarer Schnabel
In Farbe und Größe ähnelt die weibliche Löffelente zwar der Stockente, doch der Schnabel ist unverkennbar. In Südamerika, Südafrika und Australien gibt es drei weitere Löffelentenarten.

Prächtige Federkleider wie beim Löffelerpel kennzeichnen Vogelarten, die sich jährlich neu verpaaren.

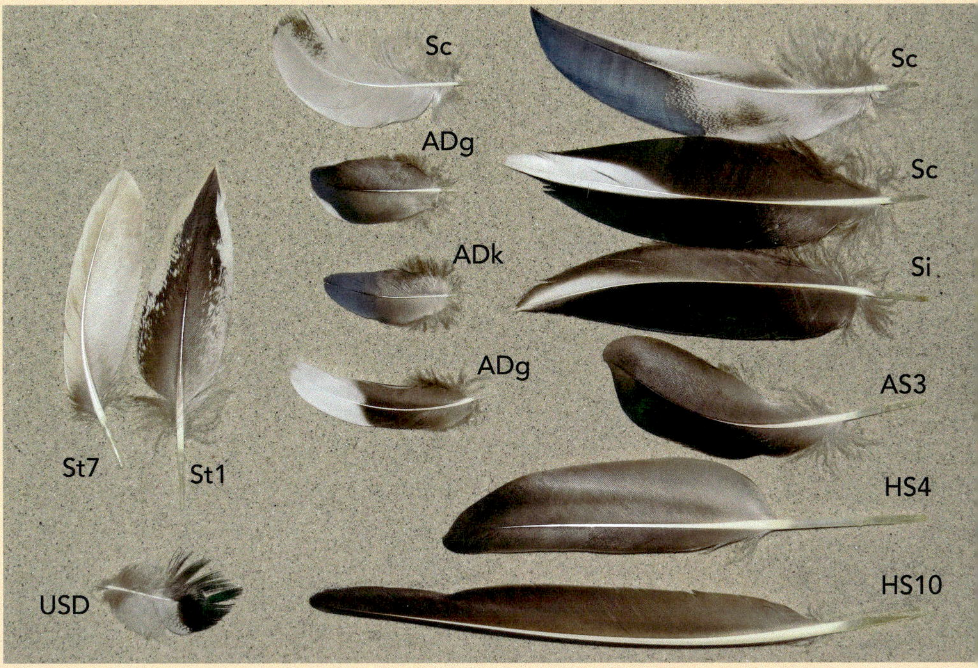

Maßstab 1:2

Reiherente *Aythya fuligula*

Status: Brutvogel, ganzjährig
Häufigkeit: Brut ●●○○○ Gast ●●●●○

Lebensweise:
Als Europas häufigste Süßwasser-Tauchente ist die Reiherente auch in Küstennähe anzutreffen, doch hat sie zum Salzwasser keine herzliche Beziehung. Erst um 1900 besiedelten Reiherenten von Nordosten kommend weite Teile Mitteleuropas; vorher lebten sie mehr im russisch-sibirischen Waldgürtel. Stark begünstigt wurde diese Art durch den Bau von Kies- und Stauseen und die massive Ausbreitung der Asiatischen Wandermuschel, die ein perfektes Futter für die Reiherente darstellt. Im Unterschied zu den meisten anderen Enten brüten Reiherenten auch gesellig in Lachmöwenkolonien oder gemeinsam mit Artgenossinnen. Zur Mauser im Sommer versammeln sich Zehntausende von Reiherenten auf geeigneten Seen. Die Überwinterung erfolgt teils in Mitteleuropa, doch nordische Brutvögel fliegen bis zum Mittel- und Schwarzen Meer.

Ente in Aufsicht
Ihr breiter Schnabel ermöglicht dieser jungen Reiherente beim Tauchen in bis zu 10 m Tiefe das Losreißen der mit Byssusfäden am Boden angehefteten Wandermuscheln (Dreissena polymorpha).

Aussehen:
Unter den Tauchenten, die außerhalb der Brutzeit oft in großen Schwärmen die Wasserflächen auf See und auf Seen bevölkern, ist die männliche Reiherente gut erkennbar: Der Körper ist schwarz, die Bauchseiten weiß, und am Hinterkopf befindet sich ein „Federpuschel", wie ihn auch der Graureiher trägt – daher ihr Name („***Reiher***ente"). Das Weibchen hat diesen Federschopf ebenfalls, verbirgt ihn aber oft und ist dann von der auf der Ostsee häufig vorkommenden Bergente kaum unterscheidbar.
Die Federn der Handschwingen sind braun mit schwarzen Außenkanten und heller Basis und werden 137–152 mm lang. Auch die Armschwingen sind mittig aufgehellt, wobei sowohl die Färbung als auch die Größe aller Flügelfedern fast identisch mit der Bergente ist. Die Schwanzfedern der Reiherente sind gleichmäßig 60–74 mm lang und schwarzbraun, bei der Bergente sind sie am Ende gelblich.

Schopf auch bei Weibchen
Der „Reiherschopf" ist beim einfarbig braunen Weibchen zwar kürzer als beim Männchen, aber trotzdem deutlich erkennbar.

ENTENVÖGEL

Tauchenten werden durch Regen oder Wasser zwar äußerlich feucht, tragen aber immer eine isolierende Luftschicht im Untergefieder.

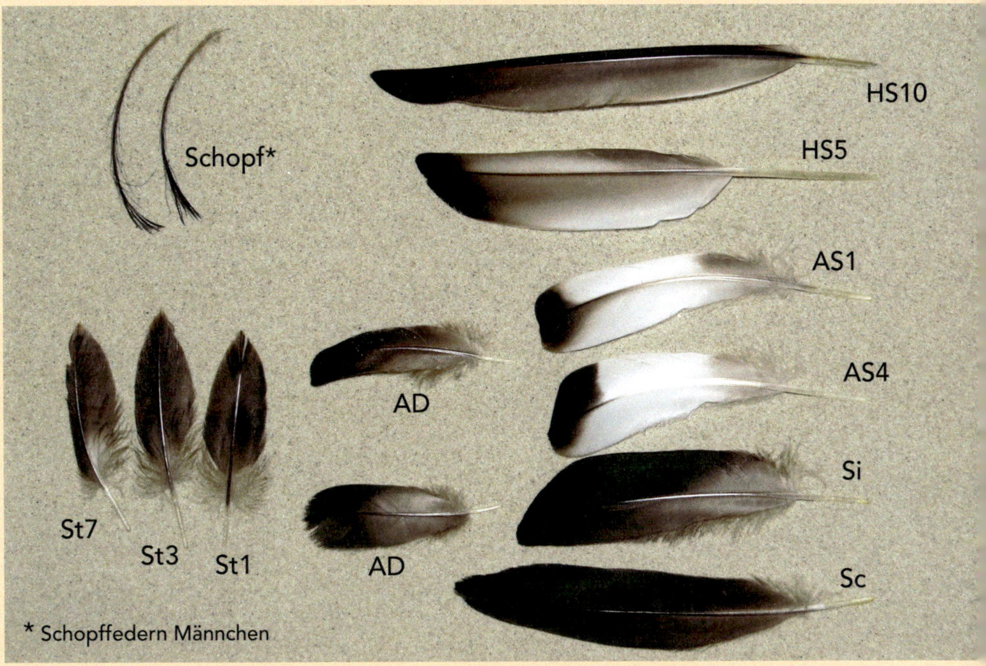

Maßstab 1:2

Eiderente *Somateria mollissima*

Status: Brutvogel, Mausergast, ganzjährig
Häufigkeit: Brut ●●●○○ Gast ●●●●●

Lebensweise:
Unsere mit Abstand größte Tauchente ist zugleich die am regelmäßigsten zu beobachtende an Nord- und Ostsee. Etwa 10 000 Eiderenten brüten entlang der Küste, bevorzugt auf fuchsfreien Inseln an windgeschützten Stellen. In der Brutzeit ist das Nest mit Bauchdaunen des Weibchens gepolstert und enthält bis zu sechs große Eier. Die größten Brutbestände mit zusammen einer Million Paaren finden sich auf Island und in der inneren Ostsee. Auf Island sammelt man traditionell die verlassenen Nester und reinigt die Daunen, um sie für die Herstellung von Thermokleidung zu verwenden. Eiderenten tauchen über 30 m tief und fressen Muscheln, Seesterne und Krebse, die sie im Kaumagen zerknacken. Zur Mauser im Hochsommer brauchen sie störungsfreie Meeresgebiete ohne Sportboote, weshalb viele Ostsee-Eiderenten zur Mauser geschützte Teile der Wattenmeer-Nationalparks aufsuchen.

Vogelkindergarten
Die Jungen werden sofort zum Wasser geführt, wo meist mehrere Weibchen und zusätzliche „Tanten" einen Kindergarten bilden und die Jungen gegen hungrige Möwen verteidigen.

Aussehen:
Durch ihre Größe und das keilförmige Kopfprofil ist die Eiderente mit keiner anderen heimischen Ente verwechselbar. Das Weibchen trägt eine schwarze Wellenzeichnung auf unterschiedlich braunem Gefieder, Gleiches gilt für die Jungvögel. Die erwachsenen Erpel sind von September bis Mai weiß-schwarz mit einem grünen Fleck am Hinterkopf. Im Sommer wechseln sie kurz in ein schwarzes Schlichtkleid mit weißen Flügeldecken. Jünglinge vor der Geschlechtsreife haben einen weißen Brustring.
Die stark gewölbten Handschwingen der Eiderente erreichen eine Länge von 197–220 mm und haben im Unterschied zur gleich großen Stockente dunkle Kiele. Gemauserte Schwungfedern sind oft sehr abgenutzt und ausgeblichen. Die äußeren Armfedern des Eiderenten-Erpels sind schwarz, innen folgen eine weiße mit schwarzem Endfleck und dann fünf sichelförmige weiße Federn.

Wenig Weiß, trotzdem ein Eidererpel
Der weiße Brustring zeigt an, dass dies ein junges Männchen im zweiten Lebensjahr ist. Erst im nächsten Jahr wird er das helle Erwachsenenkleid anlegen.

ENTENVÖGEL

Der isländische Meeresgott Ägir war der Namenspate für den „Ägir-fugl", die Eiderente.

Maßstab 1:2

Eisente *Clangula hyemalis*

Status: Wintergast
Häufigkeit: Brut ○○○○○ Gast ●●●●●

Lebensweise:
Die Eisente hat einen sehr passenden Namen: Sie ist die am nördlichsten brütende Ente, ist sehr frosthart und kommt in allen nordischen Tundren (zirkumpolar) vor. In der deutschen Ostsee erreicht sie den Südrand ihres Überwinterungsgebietes. Vor der Wattenmeerküste treten nur einige tausend Exemplare auf. Um 1990 überwinterten in der Ostsee noch vier Millionen Eisenten, doch dies scheint auf nur noch eine Million eingebrochen zu sein. Eisenten tauchen bis zu 60 m tief und fressen kleine Muscheln und andere Kleintiere. Die Erpel sind sehr ruffreudig und haben eine der angenehmsten Entenstimmen weltweit. In Alaska heißen die Vögel scherzhaft „Oldsquaw" = „Alte Frau". Eisenten fliegen sehr schnell und können direkt aus dem Flug ins Wasser abtauchen, was gegen Angriffe von Wanderfalken und Seeadlern äußerst hilfreich ist.

Kalter Brutplatz am Tundrasee
Diese weibliche Eisente wurde auf ihrem Nest in Alaska vom US Fish and Wildlife Service fotografiert. Etwa drei Millionen Eisenten brüten im Juni so gewässernah in den Tundren der Nordhalbkugel.

Aussehen:
Diese kleine Tauchente mit kontrastreicher schwarzweißer Zeichnung ist auch auf weite Entfernung gut zu erkennen. Die Flügel sind im Unterschied zu denjenigen der anderen Tauchenten einfarbig dunkel, der Körper ist hell, hinzu kommt die Fleckenzeichnung an Hals und Kopf und – aus der Nähe unübersehbar – der Schwanzspieß des Erpels.
Anhand der sehr ähnlichen Flügelfedern ist die Unterscheidung von der gleich großen Trauerente nicht einfach, denn beide haben schwarzbraune, innen aufgehellte Handschwingen mit einer Maximallänge von 155–175 mm. Die Schulterfedern des Eiserpels sind lang und weiß, die der Ente rostbraun mit schwarzem Mittelstrich. Die Schwanzfedern beider Geschlechter sind außen weiß, zur Mitte schwarz, wobei die der weiblichen Ente eine Länge von 80–95 mm erreichen, die langen Mittelfedern des Erpels sogar 170–256 mm.

Stellnetzopfer
Pro Jahr ertrinken in der Ostsee über 100 000 Tauchvögel in Stellnetzen aus dünnen Nylonfäden, die für tauchende Enten kaum sichtbar sind. Eisenten stellen etwa 10 Prozent der Opfer.

Eisenten können im Notfall sogar Pflanzen fressen, wenn ihre arktischen Wohngewässer zufrieren.

Maßstab 1:2

Trauerente *Melanitta nigra*

Status: Mausergast, Wintergast
Häufigkeit: Brut ○○○○○ Gast ●●●●●

Lebensweise:
Dass mehrere zehntausend Trauerenten in deutschen Küstengewässern überwintern, weiß man spätestens seit dem Boom der Offshore-Windkraft-Forschung. Ansonsten ist leider nicht viel über diese Art bekannt. Trauerenten treten bis zu 100 km vor der Küste in oft kreisrunden Schwärmen auf und können bis zu 30 m tief tauchen. Man wüsste gerne, ob sie dort draußen Trog- oder Schwertmuscheln oder etwas ganz anderes fressen, doch die Zeiten, als Biologen mit dem Gewehr loszogen und „Proben nahmen", sind lange vorbei. Die Trauerente brütet im Norden von Schottland und Island bis Nordsibirien, ihr Überwinterungsgebiet reicht an Europas Küsten bis Marokko. Die schwarzen Schwanz- und Schulterfedern der Ente sind im Winter typische Strandfunde. Sie weisen auf diese sonst so heimlich vor unseren Küsten mausernde und überwinternde Meeresente hin.

Trauriges Ölopfer
Wenn Schiffe Öl ins Meer ablassen, sind Trauerenten erschreckend oft unter den Opfern. Sie harren bis zuletzt verklebt auf See aus und kommen dann zum Sterben an den Strand.

Aussehen:
Abgesehen vom gelben Schnabelfleck des Männchens trägt diese kleine Tauchente tatsächlich „Trauerkleidung". Das Gefieder der Erpel ist komplett schwarz, wobei die meisten Einzelfedern auch aus der Nähe betrachtet tiefschwarz sind. Lediglich die Schwungfedern des Flügels, die fast identisch mit denen der Eisente sind, haben braun aufgehellte Innenfahnen. Die äußerste, bis 170 mm lange Handschwinge des Erpels hat eine kräftige Einbuchtung am Ende, die ein Fluggeräusch erzeugt („Schallschwinge"). Die Weibchen sind dunkelbraun mit hellbrauner unterer Gesichtshälfte. Im Flug sieht man, dass bei beiden Geschlechtern die helleren Schwungfedern vom dunklen inneren Flügelteil abgesetzt sind. Die Schwanzfedern sind schmal und deutlich zugespitzt, beim Weibchen 88–95 mm, beim Männchen 103–117 mm lang.

Noch geheimnisvoller: die Samtente
Versteckt zwischen den Trauerenten überwintern auch Samtenten (Melanitta fusca) mit weißem Flügelspiegel. Auf der Nordsee sind es wenige Hundert, auf der Ostsee deutlich mehr Exemplare.

Gesunde Trauerenten sieht man fast nie aus der Nähe, da sie Strände und Menschen meiden.

Maßstab 1:2

Schellente *Bucephala clangula*

Status: Wintergast, selten Brutvogel
Häufigkeit: Brut ●○○○○ Gast ●●●○○

Lebensweise:
Die Schellente ist zur Brutzeit ein Wald- und Teichvogel und nur im Winter an der Küste anzutreffen. Sie brütet – wie einige andere Enten – in Baumhöhlen, die durchaus 10 m hoch über dem Waldboden sein dürfen! Sobald das letzte der etwa zehn Küken geschlüpft ist, fliegt die Ente zur Erde hinab und lockt die Jungen zum Sprung in die Tiefe – den diese schadlos überstehen. Dann marschiert die Familie schnellstmöglich zu einem Waldsee, wo die Küken aufgezogen werden. Schellenten tauchen bis zu 8 m tief und fressen Kleintiere und Fische, jedoch keine Muscheln, da die Enten keinen Kaumagen besitzen, in dem sie die Muscheln knacken könnten. Diese Art ist im gesamten Waldgürtel Eurasiens beheimatet. Mehrere zehntausend überwintern auf der Nord- und Ostsee, wo ab Dezember auch die Balz zu beobachten ist.

Fertighaus statt Baumhöhle
Da in vielen Wäldern hohle Bäume fehlen, bieten Schellenten-Nistkästen mit einer Öffnungsweite von 10 cm einen Ersatz. Sind Waldseen in der Nähe, nehmen die Enten die Nisthilfen gerne an.

Aussehen:
Abgesehen von ihrem „klingelnden" Flügelschlag, an dem man die Schellente auch blind erkennen kann, ist diese Art an ihrem dunklen, etwas vergrößerten Kopf in beiden Geschlechtern gut bestimmbar. Das Männchen hat einen weißen Fleck an der Schnabelwurzel, das Weibchen ist graubraun mit weißem Halsring. Beide Geschlechter haben einen weißen Bauch und einen weißen Flügelspiegel (Armschwinge).
Die Handschwingen erreichen eine Länge von 140–161 mm und sind schwarzbraun. Die Armschwingen haben teils weiße Flecken, die mittleren sind komplett weiß. Der Schwanz des Weibchens ist etwa 80 mm, beim Erpel 85–99 mm lang. Verlängerte Schulterfedern ergeben die markanten „Zebrastreifen", die den Flügel des Erpels überdecken. Im Englischen heißt die Art übrigens aufgrund ihrer gelben Augen „Goldeneye" (Goldauge).

Gössel mit Gesichtsmaske
Die Küken der Schellente zeigen auch schon den für die Altvögel typischen dunklen Kopf. Allerdings ist das Auge noch blau und nicht gelb.

ENTENVÖGEL

Die Erpel vieler Arten vollführen Balztänze, bei denen sie gurrend den Kopf nach hinten werfen.

Maßstab 1:2

Mittelsäger *Mergus serrator*

Status: Brutvogel, Wintergast, ganzjährig
Häufigkeit: Brut ●○○○○ Gast ●●●○○

Lebensweise:

Der Mittelsäger ist an unseren Küsten sowohl Brutvogel als auch Wintergast. Aus seinem riesigen nordischen Brutgebiet in Skandinavien, Sibirien und Nordamerika weichen die Säger im Herbst südwärts aus und überwintern unter anderem zerstreut auf Nord- und Ostsee. Als Brutvogel hat die Art sich nach 1900 an Deutschlands Küsten wieder etabliert. Mittelsäger nisten bevorzugt in (Halb)-Höhlen unter überhängenden Ufern. Das Weibchen bebrütet bis zu zwölf Eier, aus denen die sofort schwimmfähigen Küken schlüpfen. Der Mittelsäger frisst Kleinfische, die er beim Tauchen entdeckt oder in trübem Wasser notfalls am Grund ertastet. In Schottland wurden zeitweise Hunderte von Mittelsägern als vermeintliche „Lachsschädlinge" geschossen, doch Nahrungsanalysen konnten zeigen, dass dies unnötig war.

Sägezähne zum Fischfang
Obwohl die Säger zu den Entenvögeln gehören, haben sie eine deutlich abweichende Schnabelform wie hier der Gänsesäger. Die Hornzähne erlauben es ihnen, Fische zu packen und festzuhalten.

Aussehen:

Mittelsäger sind mittelgroße Tauchvögel mit schlankem Schnabel und einem wild abstehenden Federschopf, der aber auch weitgehend angelegt werden kann. Die Unterscheidung der braunköpfigen Weibchen und Schlichtkleid-Männchen vom größeren Gänsesäger ist nicht immer einfach. Auf Salzwasser und bei unscharf abgesetzter Kopffärbung hat man wahrscheinlich einen Mittelsäger vor sich. Bei Gegenlicht ist aufgrund ähnlicher Tauchbewegungen auch eine Verwechslung mit dem Kormoran möglich!

Das Männchen ist im Prachtkleid durch seinen hellen Halsring und die weißen „Tropfen" im Schulterbereich unverkennbar. Die schwarzbraunen Handschwingenfedern erreichen eine Länge von 168–188 mm. Die markant gefärbten Armschwingen des Mittelsägers haben weiße Kiele und außen ein bis zur Mitte reichendes schwarzes Feld. Der schwärzliche Schwanz ist 90–100 mm lang.

Kleiner Verwandter: der Zwergsäger
Im Winter ist regelmäßig auf küstennahen Süß- und Brackgewässern der zierliche Zwergsäger (Mergus albellus) anzutreffen. Die Männchen sind weiß, die Weibchen hellgrau mit brauner Haube.

Das Prachtkleid des Mittelsägers würde auch zu einer Ente passen, nur der Schnabel ist anders.

Maßstab 1:2

Sterntaucher *Gavia stellata*

Status: Wintergast
Häufigkeit: Brut ○○○○○ Gast ●●●●○

Lebensweise:
Wie alle Seetaucher verbringt der Sterntaucher den größten Teil seines Lebens schwimmend. Sein Brutgebiet sind Tundraseen der gesamten Nordhalbkugel von Schottland bis Alaska. Hier markiert der Vogel mit lauten nächtlichen Rufen sein Revier, wobei die Balz wegen der Eisschmelze erst spät beginnt. Zum Nest, das am Uferrand aus Pflanzenteilen gebaut wird, schiebt er sich meist auf dem Bauch rutschend, da seine Beine als eine Art „Tauchpropeller" weit hinter dem Körperschwerpunkt sitzen. Zum Fischen fliegt der Sterntaucher an größere Gewässer im Umkreis seines Brutteiches. Bei der Jagd nach Kleinfischen kann er bis zu 30 m tief und 90 Sekunden lang tauchen. Die Art ist ausgesprochen störungsempfindlich und überwintert nur küstenfern auf dem Meer, wo dem Vogel neuerdings Windparks den Lebensraum auf Nord- und Ostsee streitig machen.

Prachtkleid mit roter Kehle
Im Juni – kurz vor dem Abzug in die arktischen Brutgebiete – ist das Gesicht des Sterntauchers schiefergrau, ein länglicher Kehlfleck ist blutrot.

Aussehen:
Der Sterntaucher liegt wie alle Seetaucher flach auf dem Wasser mit etwas aufwärts weisender Schnabelspitze. Üblicherweise ist er bei uns im schwarz-weißen Schlichtkleid anzutreffen. Das „Sternenmuster" auf der dunklen Körperoberseite besteht aus Kleinfedern mit je zwei rundlichen weißen Flecken. Bauch, Hals und der überwiegende Teil der Kopfseiten sind weiß. Der lang gestreckte Flügel des Sterntauchers ist oben komplett schwarzbraun, unten weiß. Die vier längsten Handschwingen sind zur Spitze hin verschmälert, die längste von ihnen ist 175–200 mm lang. Die Armfedern haben im Unterschied zu denjenigen des ähnlichen Prachttauchers kein Weiß auf den Innenfahnen. Der Schwanz des Sterntauchers besteht aus 16 bis 18 (selten 22) fast gleich großen, fein weiß gesäumten Federn mit einer Länge von 57–75 mm.

Mehr im Süßwasser: der Haubentaucher
Beim Haubentaucher (Podiceps cristatus) sind die Armschwingen weiß, und er trägt zur Brutzeit die Kopfhaube. Seine Füße besitzen keine Schwimmhäute, sondern lappenförmige Zehen.

SEETAUCHER

Nur selten sieht man einen lebenden Sterntaucher so nah, dass man seine „Sternpunkte" erkennen kann.

Maßstab 1:2

Eissturmvogel *Fulmarus glacialis*

Status: Brutvogel seit 1972, ganzjährig
Häufigkeit: Brut ●○○○○ Gast ●●●○○

Lebensweise:
Der Eissturmvogel ist einer der häufigsten Seevögel der Nordhalbkugel, erreicht aber an Nord- und Ostsee und den Britischen Inseln die Südgrenze seiner Verbreitung. Er brütet in den großen Vogelfelsen typischerweise in Halbhöhlen unter Überhängen. Sein englischer Name „Fulmar" stammt von „Fowl mew" = „Stinkmöwe" und rührt daher, dass die Brutvögel Angreifer mit stinkendem Fischbrei bespritzen, den sie im Magen zur Jungenfütterung mitbringen. Als Nahrung nutzen Eissturmvögel oberflächennah schwimmende Fische, picken an Quallen herum oder fressen Fischabfälle vom Kutter. Die Tiere fliegen zur Nahrungssuche in der Brutzeit im Schnitt Touren von 650 km Länge! Tragischerweise schlucken Eissturmvögel oft Plastikteilchen, die sich in ihrem Magen anreichern und den Vogel mit einem Magen voller Plastik verhungern lassen.

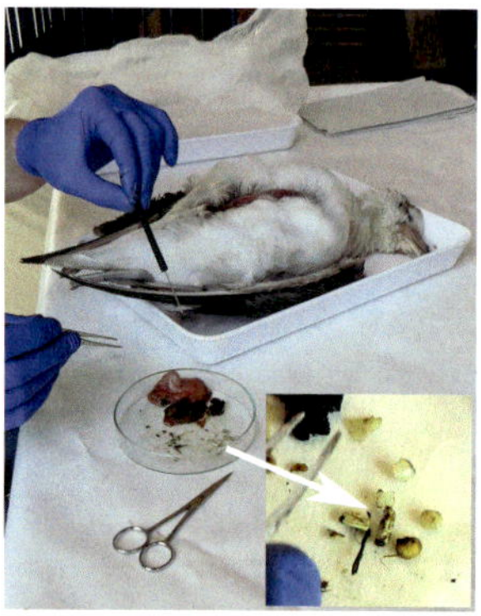

Tödliches Futter: Plastikmüll
Im Magen praktisch jedes tot gefundenen Eissturmvogels stecken Plastikbröckchen. Relativ zur Körpergröße ist es etwa so viel, wie die Füllung einer kleinen Brotdose für den Menschen wäre.

Aussehen:
An seiner „Röhrennase", die die Verwandtschaft mit den Albatrossen zeigt, ist der Eissturmvogel eindeutig von allen Möwen zu unterscheiden. Außerdem haben die Spitzen seiner sehr schlanken Flügel keine schwarzen oder weißen Abzeichen, wie sie die meisten Möwen besitzen. Die Handschwingen des Eissturmvogels erreichen eine Länge von 235–260 mm und sind außen hell graubraun, innen und unten weiß. Die sehr kurzen Armschwingen sind noch heller mit ähnlichem Farbverlauf. Der Schwanz (14 Federn) ist weiß, hat aber mitunter zarte graue Flecken in den Außenfahnen.

Der Flug des Eissturmvogels besteht wie bei Albatrossen aus wenigen knappen Flügelschlägen und langen eleganten Segelphasen, in denen er mit Hilfe von Seiten- und Gegenwind ohne erkennbare Flügelbewegungen flach über die Wellenkämme dahinsaust.

Majestätische Segelflieger
Einssturmvögel segeln oft stundenlang fast ohne Flügelschlag über das Meer – vorausgesetzt, der Wind weht. Bei Flaute ruhen sie auf dem Wasser, denn ein aktiver Flug ist ihnen zu anstrengend.

In den Vogelfelsen von Helgoland brüten Eissturmvögel in Felsnischen abseits des größten Trubels.

Maßstab 1:2

Basstölpel *Morus bassanus*

Status: Brutvogel seit 1992, ganzjährig
Häufigkeit: Brut ●●○○○ Gast ●●●○○

Lebensweise:
Der Basstölpel ist ein Hochseevogel, der außer zur Brut nicht an Land geht. Er siedelt in steilen Klippen des Nordatlantiks und hat – im Gegensatz zu vielen anderen Hochseevögeln – in den letzten Jahrzehnten im Bestand zugenommen. Seit 1992 brütet er auf Helgoland, wobei die Kolonie offenbar auch durch Zuzug von anderen Küsten stetig wächst. Basstölpel sind Stoßtaucher, die mit nach hinten angelegten Flügeln bis zu 10 m tief ins Wasser eintauchen und paddelnd eine Tiefe von bis zu 20 m erreichen. Sie fangen bis zu 30 cm lange Fische und sind zur Brutzeit ein bis zwei Tage und in einem Umkreis von bis zu 500 km auf See unterwegs. Pro Paar wird nur ein Jungvogel aufgezogen, der nach langer Fütterung im September schwerer als seine Eltern ist und oft schwimmend aufs Meer hinauszieht.

Plastik tötet: strangulierte Seevögel
Basstölpel haben eine fatale Leidenschaft für bunte Seilreste, die sie als Nistmaterial verwenden. Durch Verheddern mit dem Schnabel oder den Füßen strangulieren sich Tölpel und Lummen am Brutfelsen.

Aussehen:
Mit einer Spannweite von 180 cm ist der Basstölpel unser größter echter Hochseevogel. Mit weißem Körper und schwarzen Handschwingen ähnelt er den Großmöwen, doch ist sein gelblicher Kopf unverwechselbar. Aus der Nähe unterstreichen der kräftige Schnabel und die mit drei statt zwei Schwimmhäuten ausgestatteten Füße, dass der Tölpel mit dem Pelikan und Kormoran und nicht mit den Großmöwen verwandt ist. Wie die Möwen braucht er allerdings drei Jahre, ehe er sein Brutkleid anlegt. Jungtölpel sind dunkelgrau mit weißen Punkten, im zweiten und dritten Lebensjahr ist ihr Gefieder weiß-schwarz gescheckt, und erst im vierten Jahr sind Armschwingen und Schwanz komplett weiß. Die schwarzen Handschwingen sind 390–410 mm lang und haben weiße Kiele. Die Federn des keilförmigen Schwanzes sind in der Mitte 220–260 mm lang, an den Seiten kürzer.

Halbzeit: noch zwei Jahre bis zum Prachtkleid
Zwei Jahre nach dem Schlupf sind die Flügeldeckfedern noch überwiegend schwarz. Erst nach vier Jahren sind alle Deck- und Armfedern weiß, und der Tölpel ist erwachsen.

Aus großer Höhe späht der Basstölpel nach Beutefischen, um sich auf sie zu stürzen.

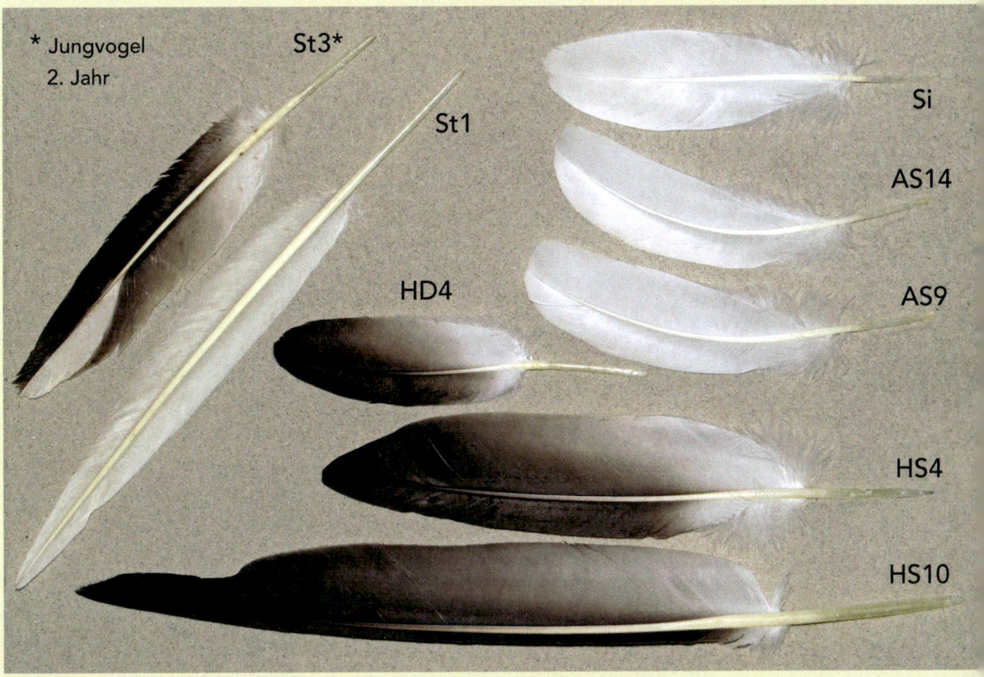

Maßstab 1:3

Kormoran *Phalacrocorax carbo*

Status: Brutvogel, ganzjährig
Häufigkeit: Brut ●●●○○ Gast ●●●●○

Lebensweise:
Der „Wasserrabe", wie der wissenschaftliche Name des Kormorans übersetzt lautet, ist bei Fischwirten und Anglern extrem unbeliebt – teilweise zu Recht. Kein Vogel ist so geschickt bei der Fischjagd wie der Kormoran, der pro Tag etwa 400 g Fisch benötigt und diese binnen einer Stunde fangen kann. Sein Gefieder wird beim Tauchen größtenteils nass und erzeugt kaum Auftrieb durch Luftpolster, so dass er unter Wasser fast wie ein Fisch im Wasser schwimmt. Auf großen Gewässern können Kormorane Ketten von bis zu 10 000 Vögeln bilden und damit Fische zusammentreiben. Kormorane brüten auf Bäumen, die durch den scharfen Kot der Vögel absterben. Daher ziehen die Kolonien alle paar Jahre um. Siedelt sich ein Seeadler in der Nähe an, geschieht dies oft fluchtartig.

Verräterische Spuren: Speiballen
Kormorane würgen einige der unverdaulichen Nahrungsbestandteile als Speiballen hervor. Anhand der weißen Ohrknöchelchen kann man erkennen, welche Fischart welcher Größe gefressen wurde.

Aussehen:
In fast jeder Lebenslage ist der Kormoran unverwechselbar: Kein anderer Küstenvogel spreizt seine Flügel, um sich nach dem Tauchen vom Wind trocknen zu lassen. Aufrecht stehend ist er allenfalls mit der Eiderente zu verwechseln, die aber einen kürzeren Hals hat. Auf dem Wasser liegt der Kormoran sehr tief mit schräg aufwärts zeigendem Hakenschnabel, was ihn von den spitzschnäbligen Tauchern unterscheidet. Im Flug schließlich sieht der Vogel kreuzförmig aus, weil Kopf und Schwanz fast gleich lang sind. Seine schwarzen, oft bronzen schillernden Federn sind am fischigen Geruch erkennbar. Die längsten Handschwingen sind 240–250 mm, die schmalen und festen Schwanzfedern 170–175 mm lang. Altvögel im Prachtkleid haben weiße Flecken am Oberschenkel und im Gesicht, bei Jungvögeln ist der Bauch hell.

Jungvögel sind heller
Junge Kormorane erkennt man an dem insgesamt helleren Gefieder und der diffus aufgehellten Unterseite. Bei manchen Tieren sieht der Bauch fast weiß aus.

Die großen weißen Flecken gehören zum Prachtkleid der östlichen Unterart des Kormorans.

Maßstab 1:2

Löffler *Platalea leucorodia*

Status: Brutvogel
Häufigkeit: Brut ●●○○○ Gast ○○○○○

Lebensweise:
Lange Zeit fehlte dieser exotisch aussehende Wasservogel, dessen Verbreitungsgebiet von Europa bis Ostasien reicht, in weiten Teilen Mitteleuropas. Vermutlich war er früh durch Bejagung ausgerottet worden. Seit etwa 1990 breitet sich der Löffler wieder aus und brütet an immer mehr Stellen an der Nordseeküste. Er braucht fuchsfreie Brutplätze auf Inseln, ist dort aber durch seine turmförmigen Reisignester gegen Sommersturmfluten gut geschützt. Während das Männchen Reisig holt, pflegt das Weibchen seine Gene mit Nachbarn zu mischen – und umgekehrt. Nahrung des Löfflers sind Wassertiere aller Art, wobei er im Wattenmeer meist Grundeln und Garnelen jagt, die er mit Hilfe von seitlichen Pendelbewegungen des Schnabels im Flachwasser ertastet. Den Winter verbringen die Nordsee-Löffler in Spanien und Westafrika.

Schwarze Spitze, kurzer Schnabel: ein junger Löffler
Die Jungvögel bleiben in ihrem ersten Sommer meist in der Nähe ihres Geburtsortes. Sie sind leicht an den schwarzen Schwingenspitzen erkennbar.

Aussehen:
Seit der Einwanderung des Silberreihers, der ebenfalls schneeweiß mit langen schwarzen Beinen ist, ist der Löffler auf große Entfernung nicht mehr ganz unverwechselbar zu erkennen. Allerdings ist der dunkle Löffelschnabel, der fast so lang wie Kopf und Hals zusammen ist, deutlich verschieden vom schlanken gelben Reiherschnabel. Im Flug trägt der Löffler zudem den Hals gestreckt wie Störche und Kraniche, während der Silberreiher ihn s-förmig einzieht.
Die Handschwingen des Löfflers sind mit einer Länge von bis zu 280 mm etwa 60 mm kürzer als die des Silberreihers, und auch die Schwanzfedern des Löfflers sind mit 125–140 mm um etwa ein Viertel kürzer. Das schneeweiße Gefieder der erwachsenen Löffler ist am Hals gelb. Beim Jungvogel fehlt die gelbe Färbung, aber die Kiele der Schwungfedern sowie die Spitzen der äußeren Handschwingen sind schwarz.

Noch mit Löffelchen
Der imposante Schnabel entwickelt sich beim Löffler erst im Verlauf des ersten Lebensjahres zu seiner vollen Länge und Breite. Bei Jungvögeln ist er noch deutlich zierlicher und rosa.

Aufgeregte Löffler spreizen ihre Federhaube. Dafür hat jede Feder am Grund sechs winzige Muskeln.

Maßstab 1:2

Graureiher *Ardea cinerea*

Status: Brutvogel, ganzjährig
Häufigkeit: Brut ●●○○○ Gast ●●●○○

Lebensweise:
Dass sein umgangssprachlicher Name „Fischreiher" nicht ganz passt, erkennt man schnell, wenn man einen Graureiher Wühlmäuse jagen sieht. Ausnahmsweise dürfen es auch Entenküken oder sogar ein Zwergtaucher sein. Der Graureiher ist über ganz Eurasien und Afrika verbreitet und lebt oft im Gefolge des Menschen an künstlichen Gewässern. Als Lauerjäger jagt er kleine bis mittelgroße Tiere aller Art. Lange wurde der Graureiher von Anglern und Fischwirten verfolgt, hat sich aber inzwischen durch seine Unterschutzstellung erholt und ist nun wieder vielerorts anzutreffen. Seine Brutkolonien in hohen Baumkronen sind recht geräuschvoll, da die Reiher viel krächzen und sich gegenseitig Nistmaterial klauen. Vor Schnee und Eis weichen viele Graureiher südwärts aus – im Extremfall bis Westafrika.

Große Fußspuren hinterlassen ...
... die Graureiher im feuchten Sand. Anhand ihrer Größe und der vierten Zehe unterscheiden Reiherspuren sich von denen der Wat- und Entenvögel. Krähenspuren sind auch vierzehig, aber kleiner.

Aussehen:
Ein großer grauer Vogel mit langen Beinen und langem Hals kann ein Reiher oder ein Kranich sein. Wenn er gemächlich schreitend mit gesenktem Kopf am Boden pickt, ist er ein Kranich. Steht er regungslos oder bewegt sich im Zeitlupentempo, um dann plötzlich zuzustoßen, ist er ein Reiher. Erwachsene Graureiher haben einen hellen Vorderkörper mit dunklen Streifen an Kopf und Flügelansatz, außerdem lange Schmuckfedern an Schultern, Hals und Hinterkopf. Bei Jungvögeln ist nur der Hals dunkel gefleckt, die Zierfedern sind spärlich. Das Großgefieder des Reihers ist schiefergrau mit bläulichem Anflug, ein Farbton, der sonst allenfalls bei der Nonnengans auftritt. Seine Handschwingen werden bis zu 350 mm, die Schwanzfedern 170–190 mm lang. Der Flug des Graureihers ist rudernd mit stark gewölbten Flügeln, der Hals dabei s-förmig eingezogen.

Strahlend weißer Doppelgänger
Der Silberreiher (Ardea alba) erscheint vor allem im Winter verstärkt in Deutschland. Dieser Reiher mit der weltweit größten Verbreitung brütet seit 2012 auch in Deutschland.

Aus der Nähe betrachtet erkennt man beim Graureiher die Schmuckfedern an Kopf und Hals.

Maßstab 1:3

Rohrweihe *Circus aeruginosus*

Status: Brutvogel
Häufigkeit: Brut ●○○○○ Gast ●●○○○

Lebensweise:
Nach einem Bestandstief um 1970 hat die Rohrweihe mit etwa 5000 Brutpaaren in Deutschland inzwischen wieder einen gesicherten Brutbestand. Sie ist zur Brut und Nahrungssuche an Röhrichte gebunden, nutzt ausnahmsweise aber auch Getreide- oder Rapsfelder zur Brut. Ihre Nahrung sind Klein- und Wasservögel sowie kleine Säugetiere, die sie im niedrigen Suchflug überrumpelt und mit ihren langen Beinen packt. Den Winter verbringen Rohrweihen im Mittelmeerraum, aber auch in Ostafrika und Indien, wobei dort vermutlich die russischen Weihen die Wintersonne suchen. Ende März erscheinen unsere Weihen wieder und führen akrobatische Balzflüge vor, ehe das Weibchen sein Nest baut und ab Mai die vier bis fünf Eier ausbrütet. Anfangs versorgt das Männchen Frau und Kinder, später stopfen beide Partner die hungrigen Schnäbel.

Halbstark und hungrig: junge Rohrweihen
Diese flauschigen Geschwister haben gerade Vogelringe bekommen, damit man ihr weiteres Schicksal verfolgen kann. Außerdem haben sie HUNGER!

Aussehen:
Ein mittelgroßer Greifvogel mit langem Schwanz und leicht v-förmig gehaltenen Flügeln, der flatternd und segelnd flach über Feuchtgebiete der Küste gleitet, ist eine Weihe. Fragt sich nur: Welche? Falls er komplett braun mit ungebändertem Schwanz und „blondem" Schopf ist, handelt es sich um eine weibliche Rohrweihe. Ist er hellgrau mit schwarzen Flügelspitzen, ungebändertem grauen Schwanz und braunem Körper, ist es das Männchen. Bei Korn- und Wiesenweihe sind die Männchen ohne braune Färbung, oder der Schwanz ist gebändert. Jungvögel sind sehr schwierig zu bestimmen.
Die Innenfahne der äußersten Handschwinge einer Rohrweihe ist bis zur Mitte verschmälert, die längsten Federn sind 325–340 mm lang. Die Schwanzfedern werden 245–260 mm lang und sind entsprechend der sonstigen Körperfärbung beim Weibchen braun, beim Männchen grau.

Grau ist die Herrenfarbe
Bei allen Weihen haben die Männchen ausgedehnte hellgraue Federpartien und schwarze Handschwingen. Bei der Rohrweihe ist auch der Körper des Männchens braun.

GREIFVÖGEL

Die äußeren Handschwingen der Rohrweihe sind stark verschmälert, was den Langsamflug erlaubt.

Maßstab 1:3

Seeadler *Haliaeetus albicilla*

Status: Brutvogel, ganzjährig
Häufigkeit: Brut ●○○○○ Gast ●●○○○

Lebensweise:

Der Seeadler ist ein kraftvoller Jäger, der Vögel bis zur Größe von Gänsen sowie Fische fängt, aber auch beim Fressen von Aas beobachtet werden kann, vor allem im Winter. Aus „Futterneid" haben Jäger und Fischer die Art bis 1950 in weiten Teilen Europas ausgerottet. Hinzu kamen um 1970 Brutverluste durch DDT – ein Insektizid, das sich über die Nahrungskette bis zum Seeadler stark anreichert. Durch massiven Schutz der letzten Brutpaare gelang es, Restbestände zu bewahren, die sich seit etwa 1990 wieder ausbreiten. Mittlerweile brüten Seeadler auch wieder an den Küsten Dänemarks und der Niederlande. Bedrohungen sind heute Windräder, in denen Seeadler oft tödlich verunglücken, sowie für den Adler extrem giftiges Bleischrot in angeschossenen Enten, die der Vogel frisst. Auch gezielte Vergiftungen durch Jäger und Schäfer kommen regional erneut vor.

Löffler verspeist
Dieser knapp 2 kg schwere Löffler wurde vom etwa 5 kg schweren Seeadler verspeist. Die Beute ist weitgehend zerlegt, nur der Verdauungstrakt wurde offenbar zurückgelassen.

Aussehen:

Was im Sitzen einem Absperrpoller ähnelt und im Flug so groß wie eine Tür ist, kann eigentlich nur ein Seeadler sein. Seine bis zu 50 cm langen Handschwingen und die sehr breiten, bis 40 cm langen Armschwingen ergeben eine gewaltige Tragfläche, wie sie allenfalls noch bei Geiern zu beobachten ist. Trotz einer Spannweite von bis zu 2,50 m kann der Seeadler auf der Stelle flattern und bei der Jagd sehr geschickte Manöver fliegen. Sein Gefieder ist überwiegend braun, zu den Spitzen der Schwingen dunkler, die Federkiele sind weiß. Die Schwanzfedern des Adlers sind 310–400 mm lang und bei Altvögeln am Ende ganz weiß, bei Jungvögeln braun gerändert. Der gelbe Schnabel der Altvögel und die hellen Achselfedern der Jungvögel unterscheiden den Seeadler von kleineren Adlern oder verirrten Geiern aus Südeuropa.

Zweiter Adler am Wasser: der Fischadler
Der Fischadler (Pandion haliaetus) ist kontrastreich weiß mit dunkler Oberseite, einer Augenbinde und gestreiften Unterflügeln. Er stößt bei der Jagd auf Fische herab, allerdings meist im Süßwasser.

Die dunkel umrandeten Schwanzfedern und der dunkle Schnabel kennzeichnen einen jungen Seeadler.

Maßstab 1:4

Wanderfalke *Falco peregrinus*

Status: Brutvogel, Durchzügler, ganzjährig
Häufigkeit: Brut ●○○○○ Gast ●●○○○

Lebensweise:
Der Wanderfalke ist ein spezialisierter und extrem kraftvoller Vogeljäger, der Beute bis zu seiner eigenen Größe erjagt. Selbst Artgenossen kann er im Sturzflug und Überraschungsangriff erlegen! Schon seit der Antike war er als Jagdfalke für die Beizjagd so beliebt, wie er bei Taubenzüchtern bis heute verhasst ist. Die Verfolgung durch Falkner und Taubenfreunde in Kombination mit dem Insektizid DDT ließ den Wanderfalken bis 1970 in Mitteleuropa fast aussterben. Nur in wenigen steilen Klippen brütete er noch. Ein Eiersammler in der DDR plünderte das letzte Falkennest auf einem Baum. Mittlerweile hat der Wanderfalke sich durch strengen Schutz wieder erholt und siedelt zunehmend in Großstädten als Verfolger der Stadttauben. An den Küsten rasten im Winterhalbjahr viele skandinavische Wanderfalken.

Sandboden statt Felsnische
An der Nordseeküste gibt es seit etwa 1995 Bodenbruten auf geschützten Sandinseln. In Brandenburg wurde dem Falken wieder beigebracht, in Baumnestern zu brüten.

Aussehen:
Der Wanderfalke ist ein mittelgroßer Falke mit schwarzer Gesichtsmaske; seine Brust ist gefleckt (Jungvogel) oder quer gebändert, desgleichen die Flügelunterseiten. Die Weibchen sind etwa 15 Prozent größer als die Männchen. Im Flug erkennt man die fast gerade Flügelhinterkante des Falken, seine spitzen Flügel und den nicht allzu langen Schwanz, der schmal gebändert und ohne schwarzes Band vor dem Ende ist. Die Flügelschläge sind flach und schnell, werden beim Angriff aber ausladender, ehe der Wanderfalke zu einem rasanten Sturzflug mit angelegten Flügeln übergeht.
Die Handschwingen sind 260–285 mm lang und dunkelbraun mit etwa zehn quer liegenden hellen Flecken, die normalerweise den Rand nicht erreichen. Die 150–200 mm langen schwarzbraunen Schwanzfedern haben etwa zwölf Querbinden, die grau beim Männchen, braun bei Weibchen und Jungen sind.

Kleiner Falke auf Vogeljagd
Der viel kleinere Merlin (Falco columbarius) stammt aus Skandinavien und jagt auf dem Durchzug ebenfalls Vögel. Er ähnelt unserem häufigen Turmfalken, hat aber andere Rückenfarben.

FALKEN

Ein Greifvogel, der im Deichvorland auf einem Pfahl sitzt, ist meist ein Wanderfalke auf der Vogeljagd.

Maßstab 1:2

Austernfischer *Haematopus ostralegus*

Status: Brutvogel, Wintergast, ganzjährig
Häufigkeit: Brut ●●●●○ Gast ●●●●○

Lebensweise:
Mit über 40 Jahren Lebenserwartung ist der Austernfischer ein bemerkenswerter Watvogel, der außerdem zu den am besten erforschten Vogelarten der Welt gehört. Er verwendet viel Zeit auf seine „Karriereplanung": Bis zu zehn Jahre wartet und kämpft er um ein Traumrevier mit Wasserzugang, wo er pro Jahr bis zu viermal mehr Junge groß bekommt als in wasserfernen Revieren. Würmer und Muscheln stochert er mit seinem stabilen Schnabel aus dem Boden. Die Hornscheide des Schnabels wächst zum Ausgleich für die Abnutzung jährlich 40 cm nach. Das Brutgebiet des Austernfischers umfasst fast alle Küsten Europas und viele Flusstäler. Zur Überwinterung wandern die Austernfischer meist etwas südwestwärts, um dem stärksten Frost auszuweichen. Die Geräuschkulisse der Küste ist ohne die lautstarken Revierkämpfe der Austernfischer kaum vorstellbar.

Treu sorgende Eltern
Der Austernfischer ist der einzige Watvogel, der seine Jungen aktiv füttert und sie intensiv darin unterrichtet, wie man Muscheln öffnet und Würmer aus dem Boden stochert.

Aussehen:
Der Austernfischer ist ein unverwechselbarer Küstenvogel an Nord- und Ostsee, der wegen seiner Färbung auch scherzhaft „Halligstorch" genannt wird. Der Schnabel und die Augen sind orangerot, die langen Beine rosa, Kopf und Rücken schwarz, der Bauch ist weiß. Im Flug zeigen die Flügel oberseits eine weiße Längsbinde in der Mitte, unterseits eine schwarze Längsbinde am Hinterrand. Jungvögel haben eine dunkle Schnabelspitze, die Altvögel im Winter einen weißen Kehlstreifen.
Die 180–195 mm langen Handschwingen sind schwarzbraun mit weißem Mittelfeld und ähneln denen junger Lachmöwen. Die Armschwingen des Austernfischers sind überwiegend weiß mit zur Schulter verschwindendem schwarzen Längsfleck. Die Schwanzfedern erreichen eine Länge von 106–123 mm und sind zu einem Drittel bis zur Hälfte schwarz, also mehr als bei den auch hierin ähnlichen jungen Lachmöwen.

Weil Bäume fehlen: Bodennest
Wie viele Küstenvögel brütet der Austernfischer platt auf Wiesen und Stränden. Die meist drei gesprenkelten Eier sind knapp 60 mm lang, ähnlich wie die von Säbelschnäbler und Lachmöwe.

Die schwarze Oberseite des Austernfischers signalisiert Artgenossen: „Dieses Revier ist besetzt!"

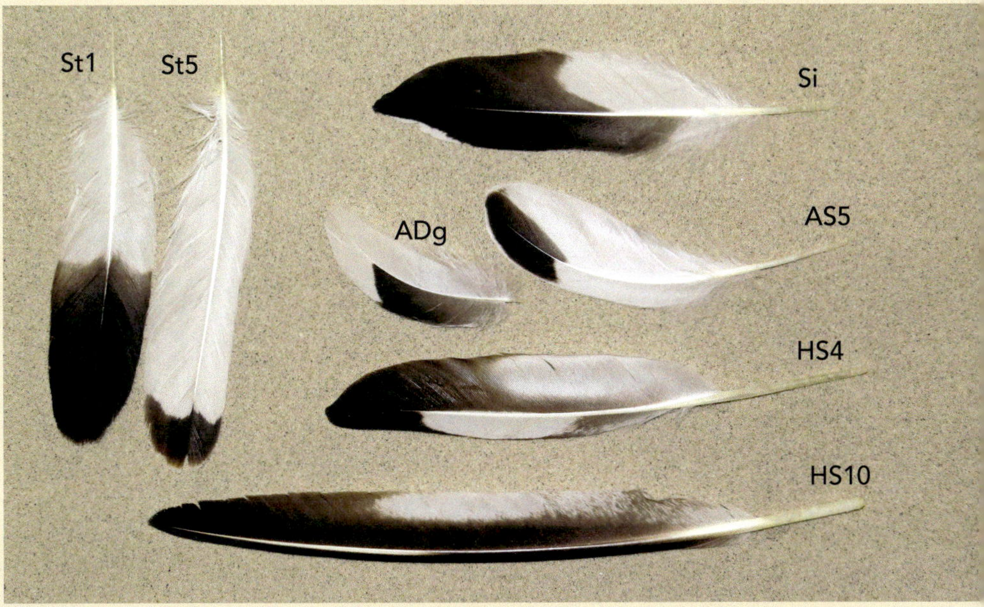

Maßstab 1:2

Säbelschnäbler *Recurvirostra avosetta*

Status: Brutvogel
Häufigkeit: Brut ●●●○○ Gast ●●●○○

Lebensweise:
Dieser subtropisch verbreitete Watvogel kann nur deshalb an der Wattenmeerküste der Nordsee brüten, weil die Würmer hier besonders dick und nahrhaft sind. Im Schlickwatt können die Küken, die sich vom ersten Tag an selbst mit Futter versorgen, in kurzer Zeit sehr viele Ringelwürmer finden. So bleibt Zeit, um alle paar Minuten unter den wärmenden Bauch der Eltern zu schlüpfen. Nur die regelmäßige elterliche „Bauchheizung", das sogenannte „Hudern", lässt die Küken auch im kühlen Norddeutschland überleben. Nach der Brutzeit mausern die Säbelschnäbler in schlick- und damit nahrungsreichen Buchten, ehe sie im Herbst nach Westeuropa und Nordafrika ziehen. Sie suchen ihre Nahrung, indem sie mit dem Schnabel seitwärts durch Schlick und Wasser pendeln und dabei Würmer ertasten.

Sportliche Küken
Mit ihren langen Beinen können die Küken des Säbelschnäblers flink laufen, schwimmen und tauchen. Trotzdem überleben nur selten alle vier Jungen eines Geleges, bis sie flügge sind.

Aussehen:
Die Säbelschnäbler haben eine unverwechselbare Erscheinung – nicht nur durch den aufwärts gebogenen Schnabel und die blaugrauen Beine, sondern auch durch das weiße Gefieder mit wenig Schwarz. Scheitel, Schulterfedern, Armdecken und äußere Handschwingen sind scharf schwarz abgesetzt, alle übrigen Federn reinweiß. Bei Jungvögeln sind einige Deckfedern graubraun, ansonsten ist ihre Gefiederfärbung aber den Altvögeln ähnlich. Die äußeren Handschwingen des Säbelschnäblers sind 164–178 mm lang und am Ende schwarzbraun, unten zunehmend weiß. Die inneren Handschwingen und alle Armschwingen sind komplett weiß, ebenso die 83–95 mm langen Schwanzfedern.
Im Flug stehen die Beine hinten etwa so weit über den Schwanz hinaus wie vorne der Schnabel. Die Schwimmhäute der blauen Füße reichen nur bis zur Zehenmitte.

Mehr Bein als Vogel: der Stelzenläufer
Vereinzelt dringt der bizarr aussehende Stelzenläufer (Himantopus himantopus) bis an die Nordseeküste vor und brütet auch hier. Seine Flügel sind ganz schwarz, was im Flugbild von weitem auffällt.

SCHNEPFENVÖGEL

Viele Seevögel haben schwarze Flügelspitzen, da das schwarze Pigment die Federn festigt.

Maßstab 1:2

Kiebitzregenpfeifer *Pluvialis squatarola*

Status: Durchzügler
Häufigkeit: Brut ○○○○○ Gast ●●●●○

Lebensweise:
Der Kiebitzregenpfeifer ist einer der rein arktischen Langstreckenzieher, die 4000 km von Deutschland entfernt in Nordsibirien brüten und ebenso weit zur Überwinterung nach Süden ziehen. Flugstrecken von unglaublichen 8000 km sind bei ihm nachgewiesen. Im Herbst und Frühjahr halten sich im Wattenmeer bis zu 150 000 Kiebitzregenpfeifer auf, die hier auch Teile ihrer Mauser absolvieren. Bei der Nahrungssuche sind sie absolute Einzelgänger, da sie kleinste Bewegungen der Beutetiere erspähen wollen und es nicht brauchen können, wenn andere Vögel um sie „herumtrampeln". In ihrem ersten Winter erkämpfen sich kräftige Jungvögel Territorien zur Nahrungssuche und halten dann lebenslang an ihren persönlichen Rastplätzen und Flugterminen fest. Die Vögel leben im Gezeitenrhythmus und finden auch nachts bei Mondlicht auf dem Watt Futter.

Schlichtkleid ohne Bauchlatz
Im Winterhalbjahr sieht der Vogel sehr kontrastarm aus. Nur durch das Fehlen gelb-brauner Farbtöne ist der Kiebitzregenpfeifer dann vom Goldregenpfeifer im Schlichtkleid unterscheidbar.

Aussehen:
Der Kiebitzregenpfeifer ist ein etwa amselgroßer Watvogel mit kurzem Schnabel und „halblangen" Beinen. Im Prachtkleid hat er wie der Goldregenpfeifer einen tiefschwarzen Bauchlatz von den Augen bis zum Beinansatz. Der Rücken ist im Prachtkleid schwarz-weiß geschuppt. Völlig anders ist das Schlichtkleid des Vogels: Dann ist der Bauch weiß, der Rücken grau geschuppt, Kopf und Brust sind grau gestrichelt. Nur der im Flug sichtbare schwarze Achselfleck kennzeichnet die Art das ganze Jahr hindurch.
Die Handschwingen des Kiebitzregenpfeifers sind bräunlich mit wechselnden hellen Partien auf der Innenfahne und am Schaft. Mit einer Maximallänge von 147–157 mm sind sie etwas länger als beim Goldregenpfeifer, bei dem die weißen Federpartien zudem kleiner sind. Der Schwanz des Kiebitzregenpfeifers ist weiß mit „halben" Querbinden auf den Außenfahnen.

Typisches Flugbild
Hier im Flug ist die für alle Regenpfeifer typische Zeichnung der Handschwingen sichtbar. Nur von unten wäre der für den Kiebitzregenpfeifer charakteristische schwarze Achselfleck zu sehen.

Der schwarz-weiße Rücken tarnt den Kiebitzregenpfeifer, wenn er in der arktischen Felstundra brütet.

Maßstab 1:2

Goldregenpfeifer *Pluvialis apricaria*

Status: Durchzügler, früher Brutvogel
Häufigkeit: Brut ○○○○○ Gast ●●●●○

Lebensweise:
Der Goldregenpfeifer brütet nur dort, wo er gut zu Fuß gehen und weit gucken kann: auf Tundren, Mooren und nährstoffarmen Feuchtwiesen. Während er in Lappland noch allgegenwärtig ist, sinkt sein Bestand in Schottland und Südskandinavien ständig. In Niedersachsen gibt es durch intensiven Schutz noch knapp zehn Paare. Wie alle Regenpfeifer sucht auch der Goldregenpfeifer seine Beute ruhig stehend, trippelt ab und an ein Stück weiter und verharrt erneut. Im Herbst rasten im Küstenbereich Zehntausende von Goldregenpfeifern auf Wiesen hinter den Deichen, ehe sie im November nach West- und Südeuropa weiterziehen.
Als 1951 der damalige Chef der Guinness-Brauerei erfolglos auf einen Goldregenpfeifer schoss und daraufhin ein Streit aufkam, welcher jagdbare Vogel der schnellste sei, entstand das „Guinness Book of Records".

Gold weckt Begehrlichkeit
Im Mittelalter glaubte man, die gelben Flecken des Goldregenpfeifers seien heilsam gegen Gelbfieber. Gefangene Vögel wurden mit Umhängen verdeckt, damit Heilungen nur nach Bezahlung erfolgten.

Aussehen:
Wie der ihm nahe verwandte Kiebitzregenpfeifer hat auch der Goldregenpfeifer im Brutkleid einen schwarzen Bauchlatz mit weißen Rändern. Sein gelb-schwarzes Rückenmuster ist unter den Küstenvögeln einmalig und kennzeichnet den Altvogel auch im Winter, wenn Brustlatz und Kopfzeichnung durch eine schlichte hellbraune Maserung ersetzt werden. Junge Goldregenpfeifer sind verwaschener gefärbt als Altvögel im Schlichtkleid und ähneln – bis auf einen gelblicheren Grundton, der aber sehr vom Licht abhängt – stark den jungen Kiebitzregenpfeifern.
Die Handschwingen des Goldregenpfeifers werden 134–150 mm lang und haben weniger weiße Partien als die der Schwesterart. Die Schwanzfedern sind dunkler mit kräftiger Bänderung, die mittleren zudem mit einer gelben Grundfärbung.

Goldig, aber schlicht: das Ruhekleid
Im Winterhalbjahr kennzeichnen die gelben Flecken den Vogel, der an seinen großen Augen und dem kompakten Schnabel deutlich als Regenpfeifer erkennbar ist.

So aufrecht und wachsam steht der Goldregenpfeifer im Brutrevier und auch bei der Nahrungssuche.

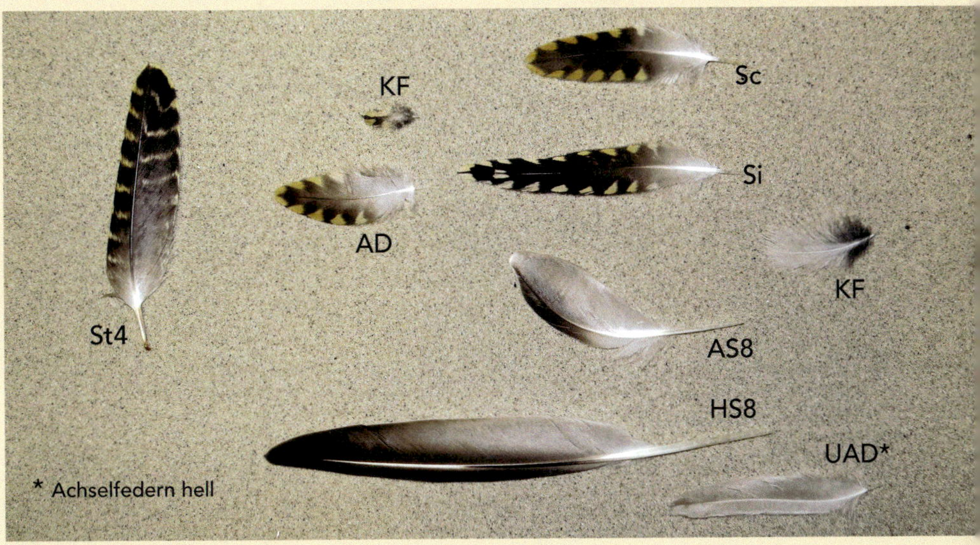

Kiebitz *Vanellus vanellus*

Status: Brutvogel, Durchzügler
Häufigkeit: Brut ●●●○○ Gast ●●●●○

Lebensweise:
Kaum dass der Schnee taut und die erste Feldlerche singt, kommen die Kiebitze aus ihren Überwinterungsgebieten in Westeuropa und Nordafrika zurück. In der Nachbarschaft feuchter Senken auf Wiesen und Äckern beginnen sie – am liebsten in Kleingruppen – mit der Balz und bald auch Eiablage. Bei späten Wintereinbrüchen fliehen die Vögel südwärts. Im Balzflug betört das Männchen, das die rasantesten Sturzflüge vollführt und dabei laut „Kiu-witt" ruft, die meisten Weibchen. Anfang Mai beim ersten Siloschnitt verlieren viele Paare ihre Küken an den Kreiselmäher. Zweitbruten auf Maisäckern können mehr Erfolg haben. Weltweit gilt der Kiebitzbestand als stabil, aber in Deutschland sinkt er ständig. Nur in einigen NABU-Schutzgebieten mit speziellem Wiesenvogel-„Management" wächst der Bestand wieder.

Nachwuchs auf Feuchtwiesen
Nur auf feuchten Wiesen finden die Kiebitzküken genug Insektennahrung, um innerhalb von drei Wochen flügge zu werden. Der künftige Federschopf ist nach zwei Wochen schon zu erahnen.

Aussehen:
Der etwa taubengroße Kiebitz mit Federschopf am Hinterkopf ist zu allen Jahreszeiten unverwechselbar durch seine Kombination aus grünem Rücken, weißem Bauch und schwarzem Brustlatz. Im Flug bestimmen die oberseits schwarzen, in der Außenhälfte paddelförmig verbreiterten Flügel den optischen Eindruck stark. Durch den Wechsel mit der weißen Unterseite „blitzen" die Vögel beim Flügelschlag abwechselnd schwarz-weiß.
Die äußeren vier Handfedern sind 170–200 mm lang und haben verschmälerte weißliche Spitzen, die beim Balzflug das wummernde Fluggeräusch erzeugen (Schallschwingen). Die Armschwingen sind grünlich. Der weiße Schwanz hat eine schwarze Endbinde wie der ähnlich große Austernfischer, jedoch haben die 97–130 mm langen Kiebitz-Schwanzfedern einen schmalen gelblichen Spitzenrand.

Schallschwinge für den Sturzflug
Im Balzgeschäft mancher Vogelarten spielen Fluggeräusche eine Rolle. Sie werden durch Abwandlungen der Federform erzeugt, meist wie hier beim Kiebitz an der Handschwingenspitze.

Der Kiebitz ist der einzige Watvogel, der weit verbreitet auch im Binnenland brütet.

Maßstab 1:2

Sandregenpfeifer *Charadrius hiaticula*

Status: Brutvogel, Durchzügler
Häufigkeit: Brut ●●○○○ Gast ●●●●○

Lebensweise:
An Kies- und Muschelstränden der Nord- und Ostsee sollte man im April und Mai immer auf leise flötende und in Kreisen fliegende Sandregenpfeifer achten. Sie versuchen oft, an sehr riskanten Stellen zu brüten – Schotterparkplätze, Radwege, Bahnschienen –, was leider zu vielen Gelegeverlusten und einem stetigen Rückgang der hiesigen Brutpopulation führt. Aus den meist vier perfekt getarnten Eiern schlüpfen langbeinige Küken, die sich bei Gefahr an den Boden drücken, während die Altvögel den Angreifer wegzulocken versuchen. Tausende von Sandregenpfeifern aus Skandinavien und Sibirien rasten im Wattenmeer auf dem Weg in ihre Überwinterungsgebiete in West- und Zentralafrika. Bei der Jagd nach Kleintieren trampeln die Vögel oft auf der Stelle, damit sich die Beute durch Fluchtbewegungen verrät.

Theater für Feinde: das Verleiten
Der Altvogel „verleitet" mögliche Feinde mit kläglichem Piepen und Flügelschlagen, bis sie weit vom Nest entfernt und damit keine Bedrohung mehr für die Küken sind. Dann fliegt das eben noch krank scheinende Vöglein davon.

Aussehen:
Nur knapp amselgroß ist der markant gezeichnete Sandregenpfeifer. Rücken und Hinterkopf sind graubraun, die Unterseite weiß, Beine und Schnabel gelb. Durch einen schwarzen Halsring, eine schwarze Augenmaske und eine schwarze Schnabelspitze ergibt sich die typische Zeichnung, die ähnlich auch der Flussregenpfeifer trägt. Bei diesem ist jedoch der Schnabel dunkel und das Auge gelb umrahmt, zudem kommt er kaum an der Küste vor.

Die Handschwingen des Sandregenpfeifers erreichen eine Länge von 95–105 mm und sind wie bei den größeren Regenpfeifern braun mit wechselnden weißen Flecken gezeichnet. Der Schwanz besteht wie bei allen Watvögeln aus sechs Federpaaren, von denen die beiden äußeren weiß, die nächsten drei verdunkelt mit schwarzer Endbinde und weißer Spitze, das innerste ganz graubraun ist.

Halsband offen: junger Sandregenpfeifer
Beim kontrastärmeren Jungvogel ist das Halsband in der Mitte unterbrochen wie beim verwandten Seeregenpfeifer. Bei diesem sind die Enden der Bänder jedoch nicht verbreitert.

Am Ende der Brutzeit sind die Deckfedern des Sandregenpfeifers sehr abgenutzt – Zeit für die Mauser!

Maßstab 1:1

Seeregenpfeifer *Charadrius alexandrinus*

Status: Brutvogel
Häufigkeit: Brut ●●○○○ Gast ●●○○○

Lebensweise:
Für Deutschland ist der Name Seeregenpfeifer sehr zutreffend, denn der Vogel ist fast nur an den Küsten anzutreffen. Er brütet auf kurzrasigen bis vegetationsfreien Sandflächen, was ihn oft in Konflikt mit dem Strandtourismus bringt. Ersatzlebensräume können ausgetrocknete Wattflächen nach Eindeichungen sein, aber dort breiten sich nach einigen Jahren Vegetation und Fressfeinde aus, so dass die Regenpfeifer abwandern müssen. In Südeuropa und Asien ist diese Art in Steppen verbreitet, und man geht davon aus, dass sie zu den „Gewinnern" der Klimaerwärmung zählen wird. Überwinterungsgebiete sind der Mittelmeerraum und Nordafrika. Weibliche Seeregenpfeifer brüten oft mit zwei Partnern pro Saison. Kurios ist die Paarung selbst: Bei anderen Vögeln dauert sie oft nur wenige Sekunden, beim Seeregenpfeifer bis zu zehn Minuten!

In den Sand gesetzt: das Nest
Drei bräunliche Eier mit feinem „Gekritzel" aus Linien sind typisch für das Gelege des Seeregenpfeifers. Meist ist die Nistmulde mit Strandfunden ausgelegt, um die Eier zu tarnen.

Aussehen:
Der Seeregenpfeifer, der oft ungeschützt auf freiem Sand brütet, ist noch unauffälliger als der Sandregenpfeifer gefärbt: Sein Rücken ist hellgrau, der Bauch weiß, und die Beine sind bräunlich. Die oft auffällige Bänderung der Regenpfeifer ist auf schmale Seitenstreifen und kleine Flecken am Kopf reduziert, die bei den Weibchen nicht einmal schwarz sind. Einziger Kontrast ist die orange Kopfplatte der Männchen. Im Unterschied zu jungen Sandregenpfeifern sind die Enden der unterbrochenen Halsbinde beim Seeregenpfeifer nicht verbreitert. Seine Handschwingen erreichen eine Länge von 75–87 mm und ähneln denen des Sandregenpfeifers, sind aber um 2 cm kleiner. Der Schwanz ist schlicht mit drei weißen Federpaaren außen und einer zur Mitte anwachsenden Bräunung der Federn.

Schlichte Eleganz:
Das Weibchen des Seeregenpfeifers weist nur ganz dezente Zeichnungselemente auf und ist damit auf deckungslosen Sandstränden perfekt für die Brut getarnt.

Die Strände der Küste sind fast wüstenartig. Der Seeregenpfeifer ist an diesen Lebensraum angepasst.

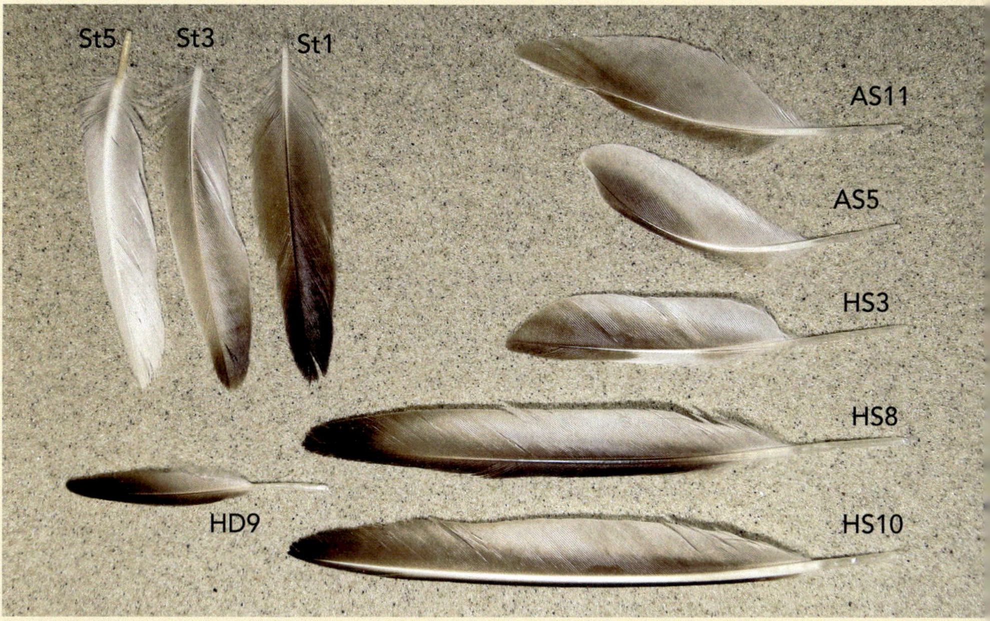

Maßstab 1:1

Großer Brachvogel *Numenius arquata*

Status: Durchzügler, Wintergast, selten Brutvogel
Häufigkeit: Brut ●○○○○ Gast ●●●●○

Lebensweise:
Der Große Brachvogel ist ein Bewohner offener Moorheiden und prägt mit seinem melodischen Trillern diese weiten, einsamen Landschaften. Sein Brutgebiet reicht von Island und dem Alpenvorland als breites Band bis Ostsibirien. Die noch etwa 300 000 Brutpaare in Europa sind extrem standorttreu und harren oft auf zunehmend landwirtschaftlich genutzten Flächen aus, ohne noch Junge flügge zu bekommen. Einige wenige Paare brüten noch erfolgreich in den Inseldünen der Nordsee. An der Küste sind Brachvögel von Juli bis Mai ständig anwesend, da Zehntausende hier mausern und durchziehen. Diese Art stochert im Boden nach Muscheln und Würmern. Bei größeren Strandkrabben fressen sie nur Beine und Scheren und lassen den Körper liegen, da sie ihn nicht zerkleinern können. Diese Reste holen sich Möwen.

Spuren des Größten
Mit einer Zehenlänge von etwa 55 mm ist die „Schuhgröße" des Brachvogels unter den Watvögeln unübertroffen. Möwen und Enten haben Schwimmhäute, Reiher eine vierte Zehe nach hinten.

Aussehen:
Beim Großen Brachvogel ist das „Prinzip Schnepfe" – ein langer Schnabel zum Stochern in weichem Boden – konsequent verwirklicht. Er ist mit einem Gewicht von bis zu 1 kg und einer Spannweite von 1 m einer der größten Watvögel weltweit, und seine Schnabellänge von bis zu 16 cm wird nur vom Ostsibirischen Brachvogel übertroffen, der ganze 18 cm erreicht. Die Weibchen des Großen Brachvogels sind generell größer und langschnäbliger als die Männchen. Kopf und Brust des Vogels sind fein längs gestrichelt, zum Unterbauch wird die Färbung weiß. In Flügeln, Rücken und Schwanz sind praktisch alle Federn quer gebändert, entweder weiß auf braun oder umgekehrt. Die Handschwingen erreichen eine Länge von 225–246 mm, die Steuerfedern 118–137 mm. An der Wattenmeerküste sind die markant gemusterten Brachvogelfedern im Sommer überall zu finden.

Kleiner Verwandter mit Kopfkappe: der Regenbrachvogel
Nur gelegentlich rastet der um 15 Prozent kleinere Regenbrachvogel (Numenius phaeopus) an der Küste. Ihn kennzeichnen eine dunkle Kopfzeichnung und ein kürzerer Schnabel.

SCHNEPFENVÖGEL

Da Brachvögel in manchen Ländern noch bis vor wenigen Jahren gejagt wurden, sind sie sehr scheu.

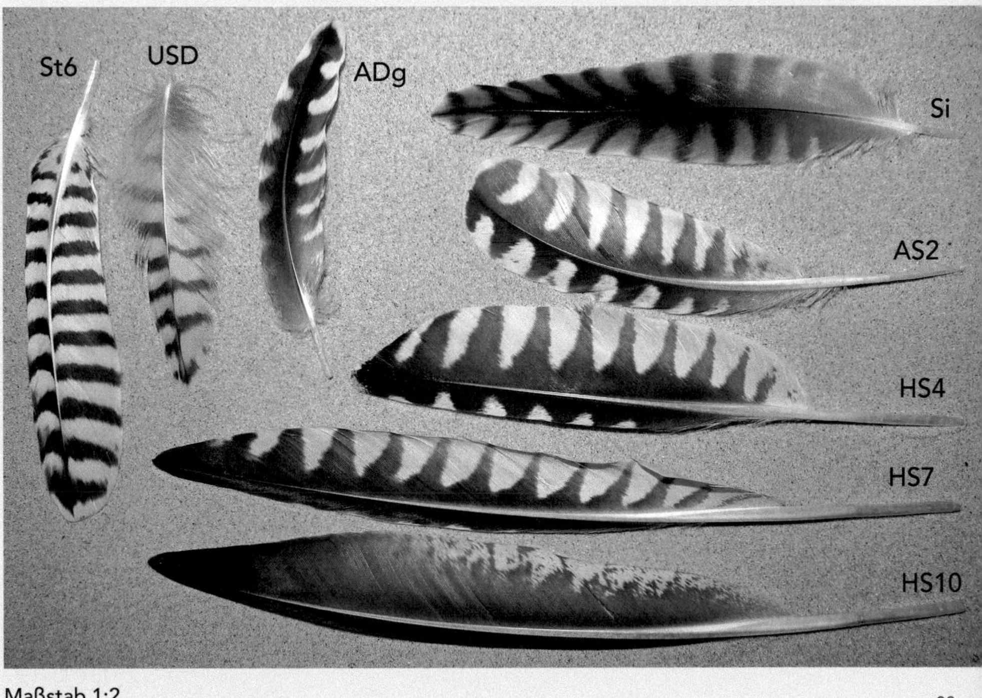

Maßstab 1:2

Uferschnepfe *Limosa limosa*

Status: Brutvogel, Durchzügler
Häufigkeit: Brut ●●●○○ Gast ●●●○○

Lebensweise:
Wie der Kiebitz war die Uferschnepfe einst auf Feuchtwiesen ein Allerweltsvogel, dessen Eier im Frühjahr gesammelt und gegessen wurden. Noch heute wird diese Art in Frankreich auf ihrem Zug Richtung Westafrika geschossen. Allerdings hat sich die Bestandslage inzwischen dramatisch verändert: Feuchtwiesen sind heute in Maisäcker umgewandelt oder so intensiv gedüngt, dass die Küken der Uferschnepfe im hohen, blumenfreien Gras keine Insekten als Futter finden. Daher sind die Bestände der Uferschnepfe derzeit überall in Europa stark rückläufig – außer auf Island, wo viel Tundra in schnepfentaugliche Wiesen umgewandelt wird. Das von der EU geförderte Projekt „LIFE-Limosa" soll den dramatischen Rückgang der Uferschnepfen in Norddeutschland bremsen.

Gefährdete Daunenbälle: Küken der Uferschnepfe
Die Küken der Uferschnepfe sind langbeinig und sehr lebhaft. Sie können mit ihren Eltern kilometerweit laufen, um geeignete insektenreiche Feuchtbiotope zu erreichen.

Aussehen:
Lange Beine, ein langer Hals und ein langer Schnabel sind die Markenzeichen der Uferschnepfe. Mit lauten „Widu-widu"-Rufen kreist sie im Frühjahr über den letzten artenreichen Feuchtwiesen. Dabei zeigt sie ihre schwarze Endbinde im Schwanz, anhand derer sie eindeutig von der sonst ähnlichen Pfuhlschnepfe unterscheidbar ist, deren Schwanz fein gebändert ist. Die Uferschnepfe hat im Prachtkleid eine quer gefleckte Brust und einen – besonders beim Männchen – orangeroten Hals. Bei der Pfuhlschnepfe ist das Männchen rostbraun von der Kehle bis zum Unterbauch, das Weibchen hell, aber beide ohne Brustfleckung. Die Schwungfedern der Uferschnepfe erreichen eine Länge von 153–165 mm und sind weiß mit schwarzem Endbereich, die Schwanzfedern sind 80–84 mm lang mit ebenfalls breiter Schwärzung.

Immer wachsam
In der Brutzeit sind Uferschnepfen sehr wachsam, um ihre Küken vor Feinden warnen zu können. Gut sichtbar ist hier der hell rostbraune Hals.

Im Flug sind die schwarze Schwanzbinde und die gefleckte Brust der Uferschnepfe eindeutig erkennbar.

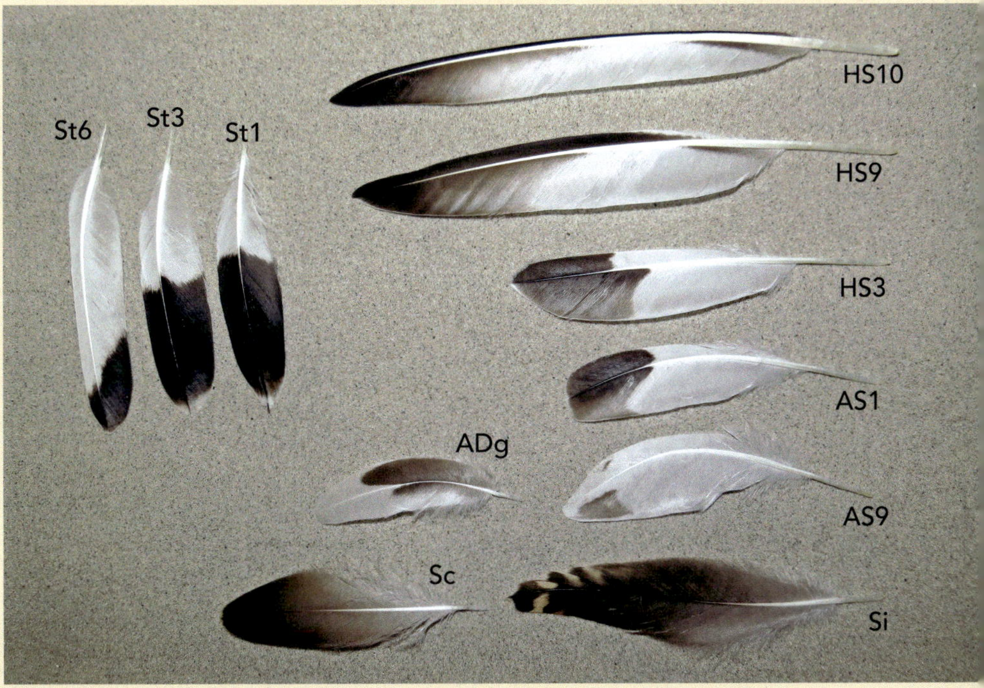

Maßstab 1:2

Pfuhlschnepfe *Limosa lapponica*

Status: Durchzügler, Wintergast
Häufigkeit: Brut ○○○○○ Gast ●●●●○

Lebensweise:
Pfuhlschnepfen sind typischerweise an der Wasserkante des Wattenmeeres zu beobachten, wo sie in langer Reihe – die Männchen auf dem Sand, die Weibchen im Flachwasser – nach Nahrung stochern. Im Winter bilden Borstenwürmer 99 Prozent ihrer Nahrung, im Frühjahr schlucken die Männchen auch kleine Plattmuscheln. Wichtigste Nahrung sind dicke Wattwürmer, die die Schnepfen nur im Augenblick der Kotabgabe erwischen können. Die Wartezeit – der Wurm kotet nur alle 45 Minuten und dann innerhalb einer Sekunde – vertreiben sich die Schnepfen mit dem Stochern nach kleineren Borstenwürmern.
Das Brutgebiet der Pfuhlschnepfe liegt in der nordischen Tundra, die Überwinterung erfolgt im Wattenmeer und an südlicheren Küsten. Friert der Boden, reicht ihr Fettpolster für drei Tage.

Watend auf den Wattwurm warten
Wattwürmer bei der Kotabgabe in flagranti zu erwischen ist das größte Glück für hungrige Pfuhlschnepfen. Falls sie nur das Schwanzende erwischt, reißt es ab – Pech für die Schnepfe.

Aussehen:
Wenn in salzigem Wasser oder Schlick eine Schnepfe mit geradem Schnabel stochert, ist es meistens die Pfuhlschnepfe, denn die ihr ähnliche Uferschnepfe bevorzugt Süßwasser und Wiesen. Auf Wiesen muss man prüfen, ob die Brust des Vogels ohne Querfleckung ist. Oft wirkt der Schnabel der Pfuhlschnepfe zudem leicht nach oben gebogen. Die Männchen im Prachtkleid sind rostrot.
Das Großgefieder der Pfuhlschnepfe hat an vielen Federn einen umlaufenden weißen Rand. Die Schwungfedern werden 147–161 mm lang und haben auf graubraunem Grund verwischte weiße Pünktchen und Flecken.
Die Schwanzfedern tragen etwa acht braune Querbinden auf weißem oder bräunlichem Untergrund und werden 76–83 mm lang. Im Herbst sind Federn der Pfuhlschnepfe oft an der Nordsee zu finden, denn der sibirische Brutbestand mausert dann hier.

Weibchen: langer Schnabel für flaches Wasser
Die Weibchen mit dem längeren Schnabel suchen vor allem im wenige Zentimeter tiefen Wasser an der Flutkante nach Würmern. Die kurzschnäbligen Männchen jagen auf dem Trockenen.

SCHNEPFENVÖGEL

Der lange Schnabel der Pfuhlschnepfe ist biegsam und kann mit der Spitze fest zupacken.

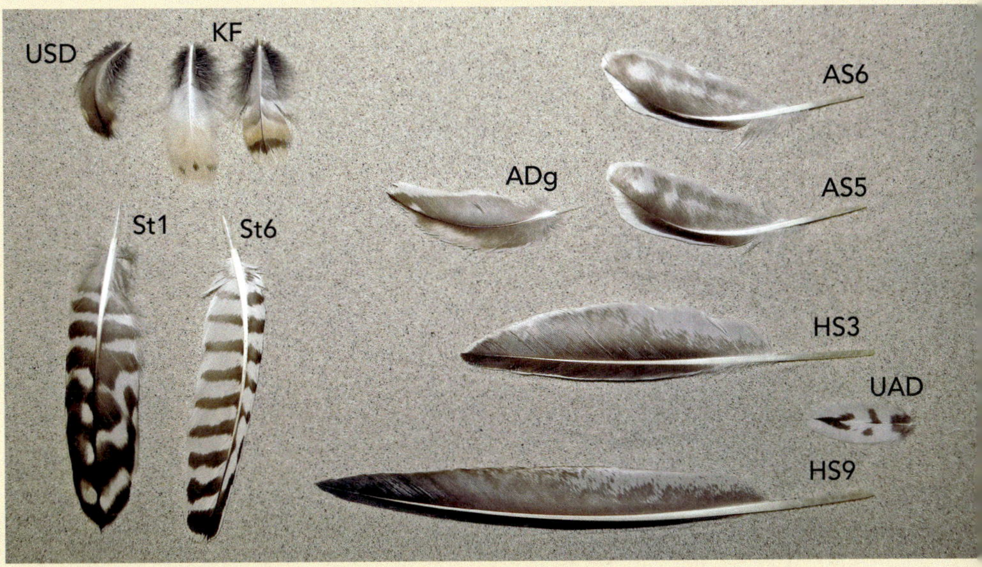

Maßstab 1:2

Waldschnepfe *Scolopax rusticola*

Status: Durchzügler, selten Brutvogel
Häufigkeit: Brut ●○○○○ Gast ●●●○○

Lebensweise:
Anders als die meisten an der Küste anzutreffenden Schnepfenvögel brütet die Waldschnepfe nicht in offenen Wiesen- oder Tundralandschaften, sondern – wie ihr Name verrät – in Wäldern. Wegen der großen Zahl potenzieller Feinde vom Fuchs bis zum Habicht muss sie hier extrem gut getarnt und sehr wachsam sein. Die Waldschnepfe bleibt bei Gefahr bis zum letzten Moment am Boden sitzen und vertraut auf ihre Tarnfärbung. Die großen Augen sitzen so hoch, dass ihr Blickfeld den ganzen Luftraum über und hinter dem Vogel abdeckt. Vorne, wo diese Schnepfe mit dem Schnabel im Boden nach Futter stochert, hat sie eine kleine Überlappung der Sehbereiche, so dass sie räumlich sehen kann. An der Küste rasten durchziehende Waldschnepfen aus Skandinavien. Leider dürfen sie auch heute noch bejagt werden.

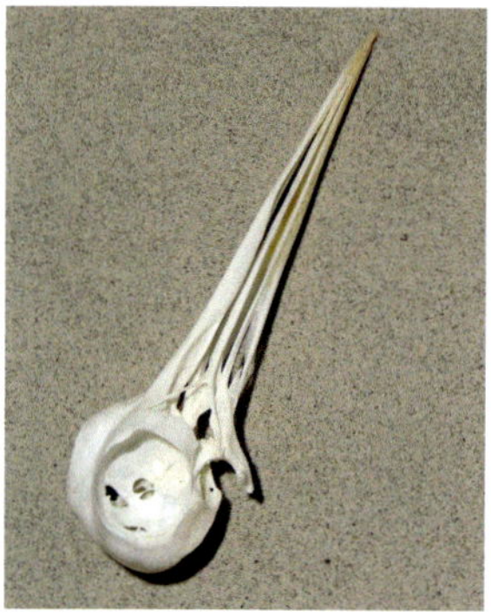

Mehr Augen als Hirn: Schädel der Waldschnepfe
Die sehr großen Augenhöhlen, die weit oben am Kopf sitzen, kennzeichnen den Schädel der Waldschnepfe. Jedes Auge hat über 180 Grad Blickwinkel, so dass der Vogel eine Rundumsicht hat.

Aussehen:
Die etwa taubengroße Waldschnepfe mit Querstreifen auf dem Kopf bekommt man aufgrund ihrer perfekten Tarnkleidung meist nur zu Gesicht, wenn sie unmittelbar vor einem auffliegt – oder wenn sie tot vor einem Fenster liegt. Glasscheiben sind für diese Art, die im Wald rasant durch Öffnungen im Gebüsch fliegt, oft eine Todesfalle. Das gesamte Gefieder der Waldschnepfe ist in warmen Brauntönen gehalten und trägt Wellen- und Zackenmuster. Die braunen Handschwingen sind beiderseits gelblich gezackt und werden 141–153 mm lang. Die schwarz-braun gezackten Schwanzfedern erreichen eine Länge von 75–98 mm und haben eine Spitze, die oben braun, unten aber scheeweiß ist. Vermutlich dienen diese weißen Flecken als eine Art „Blinksignal" bei der Panikflucht oder beim nächtlichen Balzflug der Schnepfe.

Letztes Überbleibsel: das Flügelpaar
Recht oft findet man die Flügel ertrunkener oder gefressener Waldschnepfen am Strand. Der Schultergürtel ist so stabil, dass die Flügel nach dem Tod noch lange zusammenhalten.

Die Tarnfärbung der Waldschnepfe ergibt sich dadurch, dass jede Feder hübsch gemustert ist.

Maßstab 1:2

Bekassine *Gallinago gallinago*

Status: Durchzügler, Brutvogel
Häufigkeit: Brut ●○○○○ Gast ●●○○○

Lebensweise:
Die Bekassine ist ein weit verbreiteter, aber in Deutschland selten gewordener Feuchtwiesenvogel. Vor 100 Jahren wurden pro Woche mehr Bekassinen geschossen, als heute noch in ganz Deutschland brüten. Entwässerungen und Düngung haben diese Art bis auf vereinzelte Restbestände in Schutzgebieten dezimiert. Früher hieß die Bekassine „Himmelsziege", weil die Männchen bei der Balz rasante Sturzflüge vorführen, bei denen die äußeren Schwanzfedern in Vibration geraten, was wie ein Meckern klingt. In Skandinavien und Russland brütende Bekassinen ziehen noch zahlreich an unseren Küsten entlang. Sie überwintern zum Teil in Mitteleuropa oder ziehen in Afrika bis zum Äquator. An Nord- und Ostsee kann man einzelne Bekassinen rund ums Jahr antreffen – man muss allerdings Glück haben oder sehr genau hinschauen.

Binsenwiese als Lebensraum
Nasswiesen mit Binsen sind der Brutplatz der Bekassine. Der Boden muss im Frühjahr wassergesättigt sein, damit die Vögel in der Brutzeit ausreichend Nahrung herausstochern können.

Aussehen:
An der nicht einmal amselgroßen Bekassine wirkt der lange gerade Schnabel im Verhältnis zum Körper unverhältnismäßig lang. Gelegentlich sitzt der Vogel unverkennbar auf erhöhten Punkten und zeigt dann sein gelb-braun gemustertes Gefieder mit hellem Bauch und gelben Rückenlinien. Scheucht man im Herbst durchziehende Bekassinen auf, lassen sie ihren gequetscht „rätschenden" Warnruf hören und fliegen mit schnellem Flügelschlag und hektischen seitlichen Kippbewegungen davon.
Die Handschwingen sind fast komplett grauschwarz und werden 94–105 mm lang; die gleichfarbigen Armschwingen zeigen feine helle Spitzensäume und verschwommene Fleckenmuster. Die 55–71 mm langen Schwanzfedern haben asymmetrische dunkle Binden auf hübsch rotbraunem Untergrund. Die gelben Rückenlinien sind Teil der Schulterfedern.

Oft übersehener Tarnvogel: die Zwergschnepfe
Über die an der Küste wohl regelmäßig durchziehende Zwergschnepfe (Lymnocryptes minimus) ist wenig bekannt. Sie ist extrem gut getarnt und rastet vereinzelt an Tümpelufern.

Die Bekassine ist ein kontrastreich gemusterter Vogel, der durch diese Färbung perfekt getarnt ist.

Maßstab 1:1

Flussuferläufer *Actitis hypoleucos*

Status: Durchzügler
Häufigkeit: Brut ○○○○○ Gast ●●●○○

Lebensweise:
Der Flussuferläufer lebt in vielen Punkten ähnlich wie der Sandregenpfeifer, allerdings auf Flusskies und nicht auf Sand. Er bebrütet auf lückig bewachsenen Kiesflächen in Flusstälern ein Bodennest mit vier Eiern. Mit Anglern, Touristen und betonierten Uferkanten hat er die gleichen Probleme wie der Sandregenpfeifer am Strand. Der Flussuferläufer kam ursprünglich nahezu flächendeckend in Deutschland vor, ist aber aufgrund von Flussregulierungen fast nur noch an natürlichen Alpenflüssen zu finden. Er kann schwimmen und tauchen und ist eigentlich eine sehr flexible Art, aber an Kiesufer gebunden. Seine Überwinterungsgebiete befinden sich in Afrika; zur Zugzeit nutzen einige tausend der etwa eine Million nordischer Flussuferläufer unsere Küsten als Rastgebiet.

Verschwundener Lebensraum: Kiesbank am Fluss
In Mitteleuropa gibt es praktisch keine Flüsse mehr, die natürliche Ufer mit Kiesbänken haben. Außerdem verursachen Abflussrohre bei Sommergewittern oft unnatürliche Flutkatastrophen.

Aussehen:
Ein einzelner kleiner Watvogel mit braunem Rücken und hellem Bauch, der mit nervösem Schwanzwippen an einem Gewässerufer steht, ist ziemlich sicher ein Flussuferläufer. Oft steht er halb geduckt, als wolle er sofort auffliegen. Wenn er dies tatsächlich tut, macht er flache, vibrierende Flügelschläge, die sich mit Segelphasen abwechseln, in denen die Flügel leicht gewölbt gehalten werden. Der weiße Keilfleck, der vor dem Flügelbug des Flussuferläufers emporragt, ist ein unverwechselbares Farbmerkmal dieser Art.
Die äußeren Handschwingen sind 87–92 mm lang und haben auf der Innenfahne mittig einen weißen Fleck auf schwarzbraunem Untergrund. Diese weiße Mittelbinde setzt sich durch die ganze Armschwinge fort. Die 52–67 mm langen Schwanzfedern sind verschiedenfarbig, von graubraun über dreifarbig bis weiß mit Querbinden.

Dunkler Vogel, heller Po: der Waldwasserläufer
Vereinzelt sind an der Küste durchziehende Waldwasserläufer (Tringa ochropus) zu sehen. Sie sind auf ihrer Oberseite dunkel und zeigen beim Abflug einen weißen Schwanz mit zwei Querlinien.

SCHNEPFENVÖGEL

Aus der Ferne sieht der Flussuferläufer braun aus, obwohl jede Feder einen dunklen Längsstrich hat.

Maßstab 1:1

Dunkler Wasserläufer *Tringa erythropus*

Status: Durchzügler
Häufigkeit: Brut ○○○○○ Gast ●●●○○

Lebensweise:
Dunkle Wasserläufer sind gesellig und jagen oft gemeinschaftlich in bauchtiefem Wasser nach Grundeln und Garnelen. Dabei können sie „Treiberketten" bilden und auch gemeinsam mit Grünschenkeln jagen. Durch ihre langen Beine haben die Wasserläufer einen guten Überblick, und dank ihres langen Schnabels erwischen sie ihre Beute auch aus dieser Höhe. Das Brutgebiet des Dunklen Wasserläufers sind offene Feuchtflächen in Skandinaviens und Sibiriens Taigagürtel. Das Weibchen legt vier Eier und überlässt dem Männchen die Brut und Aufzucht. Falls es ein weiteres Männchen findet, wiederholt es diesen Vorgang. Die Überwinterungsgebiete dieser Art liegen vor allem in Afrika in Feuchtgebieten südlich der Sahara, aber auch in Südasien. Mit der zunehmenden Klimaerwärmung werden die Brutgebiete sich langfristig nordwärts verlagern müssen.

Unterwasserwatvogel
Bei der Jagd auf kleine Fische taucht der Dunkle Wasserläufer oft mit dem Kopf ins Wasser. Ohne zu zögern, paddelt er, wenn er im Wasser den Boden unter den Füßen verliert.

Aussehen:
Im Prachtkleid sind beide Geschlechter des Dunklen Wasserläufers unverwechselbar schwarz mit weißen Flügelunterseiten. In der Mauser kann es bei „gescheckten" Exemplaren zu Verwechslungen mit dem Kampfläufer kommen. Im Schlichtkleid gibt es oft wegen der Beinfarbe Verwechslungen mit dem Rotschenkel, jedoch sind die Beine und der Schnabel beim Dunklen Wasserläufer länger, der Oberschnabel ist stets dunkel und das Gesicht am Auge deutlich schwarz-weiß gebändert. Die Schwungfedern erreichen eine Länge von 126–131 mm und sind außen graubraun, innen weiß mit grauer Bänderung. Auch im Arm tragen alle Federn ein Zackenmuster. Das beim Rotschenkel auffallende weiße Flügelfeld fehlt. Die Schwanzfedern werden 70–78 mm lang und sind quer gestreift auf weißem oder grauem Grund.

Tupfen auf dem Rücken
Jungvögel sind an den Deckfederrändern deutlich weiß punktiert, weshalb diese Art früher auch „Perlwasserläufer" hieß.

Die Federkleider des Dunklen Wasserläufers sind sehr verschieden – nur die Schnabelfarbe bleibt gleich.

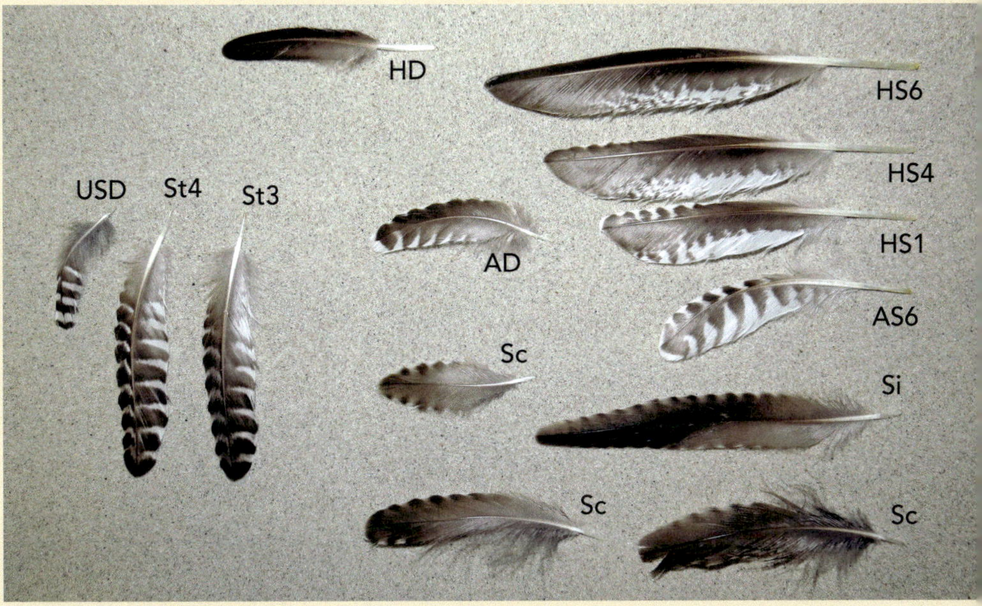

Maßstab 1:2

Rotschenkel *Tringa totanus*

Status: Brutvogel, Durchzügler, ganzjährig
Häufigkeit: Brut ●●●○○ Gast ●●●●○

Lebensweise:

Während er fast seinen gesamten Binnenlandlebensraum verloren hat, ist der Rotschenkel an den Küsten noch vielerorts als Brutvogel anzutreffen. Er brütet in langgrasigen Feuchtwiesen und baut dort aus Grashalmen eine Art Zelt, unter dem das Gelege extrem schwer zu finden ist. Altvögel sitzen oft auf Zaunpfählen und trillern melodisch zur Warnung vor Feinden, was dieser Art den plattdeutschen Namen „Tüter" eingebracht hat. In fuchsreichen Gegenden am Festland verlassen die Brutvögel nachts das Nest und schlafen auf Bäumen, während sie auf räuberfreien Inseln schneller und erfolgreicher brüten. Zur Nahrungssuche bevorzugt der Rotschenkel Schlickflächen, wo er Seeringelwürmer und Schlickkrebse jagt. „Unsere" Rotschenkel überwintern in Westeuropa, während die isländische Unterart *Tringa totanus robusta* bei uns zu Gast ist.

Langbeinige Läufer: Rotschenkelküken
Wie fast alle Watvogelküken müssen die jungen Rotschenkel sich vom ersten Tag an selbst mit Futter versorgen. Die Eltern passen nur auf und warnen, falls Gefahr droht.

Aussehen:

Der Rotschenkel ist ein mittelgroßer Watvogel mit mittellangem Schnabel und Beinen. Sein Bauch ist weiß; Kopf, Hals und Rücken sind graubraun, wobei im Brutkleid dunkle Sprenkel in den Federmitten auftreten. Aufgrund seiner leuchtend orangeroten Beine kann der Rotschenkel allenfalls mit dem Kampfläufer, bei dem die Rückenzeichnung jedoch „geschuppt" ist, oder mit dem Dunklen Wasserläufer, dessen Beine und Schnabel länger sind und der eine Augenmaske vom Ohr bis zum Schnabelansatz trägt, verwechselt werden. Die Handschwingen erreichen eine Länge von 115–130 mm und sind außen graubraun, an der Innenfahne weiß. Die Armschwingen sind weiß mit dunkler Basis, was im Flug ein breites weißes Flügelfeld ergibt. Der Schwanz ist weiß mit etwa zwölf schmalen braunen Querbinden auf jeder der 70–78 mm langen Federn.

Weißes Flügelmal: der Rotschenkel
Im Flug ist der Rotschenkel eindeutig daran erkennbar, dass seine Armschwingen einen breiten weißen Hinterrand haben. Kein anderer Watvogel besitzt so ein weißes Flügelfeld.

Durch sein lautes und auffälliges Auftreten ist der Rotschenkel meist leicht zu entdecken.

Maßstab 1:2

Grünschenkel *Tringa nebularia*

Status: Durchzügler
Häufigkeit: Brut ○○○○○ Gast ●●●○○

Lebensweise:
Der Grünschenkel ist ein Brutvogel der Moore und Heiden im nordischen Nadelwaldgürtel, also von Schottland, Schweden und dem Baltikum nord- und ostwärts. Seine südlichen Brutgebiete in Schottland und Schweden – eine Brut ist aus Bayern bekannt – wird der Grünschenkel im Zuge der Klimaerwärmung voraussichtlich verlieren. Er überwintert an den tropischen Küsten Afrikas und rastet auf dem Durchzug besonders im niederländischen Wattenmeer. Meist ist er einzeln oder in kleinen Gruppen im Flachwasser zu sehen, wo er mit teils plötzlichen Bewegungen und Richtungswechseln vor allem Kleinfische jagt. Gegen Fressfeinde scheint sich der Grünschenkel recht gut verteidigen zu können, aber insgesamt ist weltweit noch auffallend wenig über diese Art geforscht worden und daher sehr wenig bekannt.

Hellster der Wasserläufer
Im Gegensatz zum Rotschenkel und den anderen Wasserläufer-Arten ist der Grünschenkel selbst im Brutkleid sehr hell. Nur kleine Brustflecken kennzeichnen sein Prachtkleid.

Aussehen:
Innerhalb der Gruppe der Wasserläufer ist der Grünschenkel die größte Art. Seine Beinfarbe ist – bei seinem Namen erwartungsgemäß – grün, allerdings eher graugrün, bei Jungvögeln mitunter gelb. Der hellgraue Kopf geht bald in den schneeweißen Bauch über, so dass der Vogel von weitem immer auffallend hell wirkt. Der graubraune Rücken trägt im Prachtkleid einige kräftig gebänderte Federn, wirkt aber nie wirklich dunkel. Im Flug sind die Schwingen einfarbig dunkelgrau, ihre Unterseiten hellgrau. Der recht lange Schnabel des Grünschenkels ist an der Basis dick und zur Spitze etwas nach oben gebogen. Die Handschwingen erreichen eine Länge von 136–148 mm und sind dunkel mit hellem Spitzensaum und weißer Punktierung innen. Im Schwanz sind die äußeren fünf Federpaare weiß mit Linien und Querstreifen an der Außenseite, das Mittelpaar ist dunkler gebändert.

Federn der Verwandten
Zur Unterscheidung der Schwanzfedern von Rotschenkel (Mitte), Grünschenkel (rechts) und Dunklem Wasserläufer (links) sind Federgröße und Streifenzahl hilfreich.

Nur selten sieht man den recht scheuen und einzeln auftretenden Grünschenkel aus der Nähe.

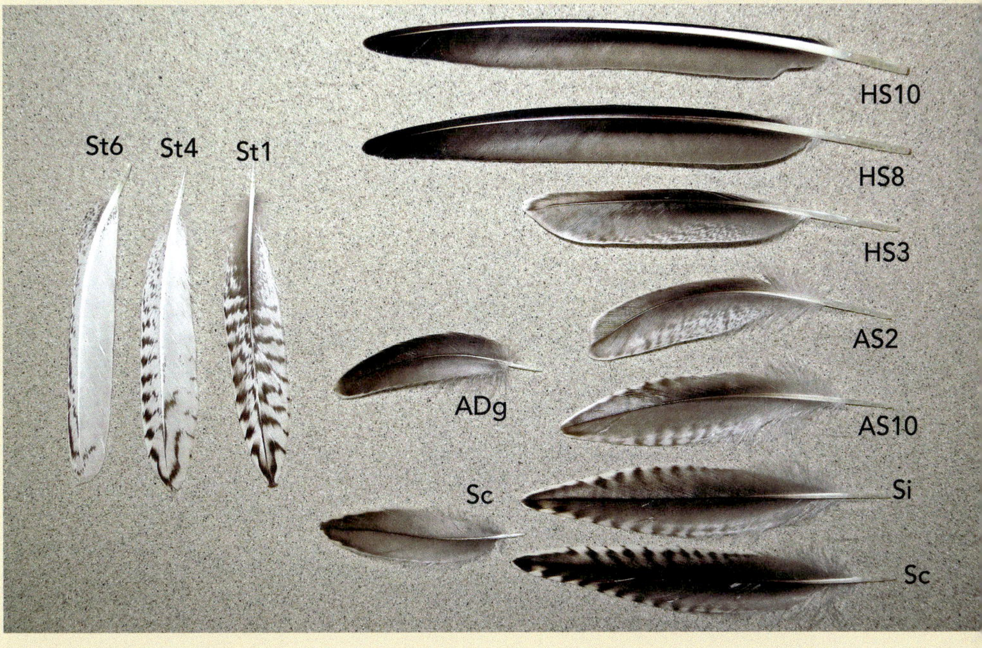

Maßstab 1:2

Steinwälzer *Arenaria interpres*

Status: Durchzügler, Wintergast, früher Brutvogel
Häufigkeit: Brut ◐○○○○ Gast ●●●●○

Lebensweise:
Bei diesem Vogel ist der Name Programm: Er sucht seine Nahrung überwiegend, indem er am Ufer liegende Gegenstände mit seinem leicht nach oben zeigenden Schnabel umdreht. Neben Steinchen können dies auch Muschelschalen oder angespülte Algen sein, ausnahmsweise sogar trockene Kuhfladen. Bei der Jagd nach Kleinkrebsen und Insekten kann der Steinwälzer auch den Boden aufwühlen und körpergroße Kuhlen graben – wenn es was zu holen gibt. Das Brutgebiet der Art sind nordische Tundren; ganz selten wurden auch Bruten im Wattenmeer an Kiesstränden, die sonst der Sandregenpfeifer besiedelt, beobachtet. Im Flugbild ähnelt der Steinwälzer mit seinem kontrastreichen Schwarz-Weiß-Muster auf der Oberseite dem viel größeren Austernfischer.

Gesellige Pause: Steinwälzer am Rastplatz
Im Winterhalbjahr sind Steinwälzer sehr gesellig und fast immer in Trupps von einem Dutzend bis 100 Vögeln anzutreffen: sowohl bei der Futtersuche als auch – wie hier – beim Schlafen.

Aussehen:
In Größe und Statur ist der Steinwälzer zwischen dem Sandregenpfeifer und dem Knutt anzusiedeln, also bei den etwas kleineren, kurzbeinigen, kräftig gebauten Watvögeln. Im Prachtkleid könnte er wegen seiner schwarzen Brust- und Kopfbinden für einen Regenpfeifer gehalten werden. Seine kräftige orange-braune Rückenfärbung weicht aber stark von den tarnfarbigen Regenpfeifern ab. Im Schlichtkleid verbleibt ein ausgedehnter brauner Brustlatz, wie ihn im Winter keine andere Art hat. Die Handschwingen erreichen eine Länge von 119–127 mm und sind oben schwarzbraun, unten und innen heller. Die Armschwingen sind wie beim Austernfischer weiß mit dunklem Spitzenfleck, der zur Schulter kleiner wird. Die Schwanzfedern erreichen eine Länge von 64–72 mm und ähneln denen des Sandregenpfeifers.

Prächtiges Brutkleid
Im Sommer sind der Halslatz und die kontrastreiche Gesichtsmaske des Steinwälzers schwarz. Hinzu kommt eine rostrote Rückenzeichnung.

Ob „Turnstone" (GB) oder „Stenvender" (DK) – beim Steinwälzer ist der Name Programm.

Maßstab 1:1

Knutt *Calidris canutus*

Status: Durchzügler
Häufigkeit: Brut ○○○○○ Gast ●●●●●

Lebensweise:
Pummelige graue Watvögel in Amselgröße, die in großen Schwärmen über die Wattflächen trippeln, sind eigentlich immer Knutts. Dieser hocharktische Brutvogel, der von Sibirien und Island kommend in zwei Populationen das Wattenmeer besucht, ist ein spezialisierter Kleinmuscheljäger, der nur auf dem Wattboden in so großen Schwärmen ausreichend Nahrung findet. Mit Hilfe spezieller Drucksensoren in der Schnabelspitze kann der Vogel beim Einstechen des Schnabels in den Sand spüren, wo in einem Umkreis von 3 cm Muscheln versteckt sind. Kleine Platt- und Herzmuscheln schluckt der Knutt unzerkaut und knackt sie im Magen. Sein Darm ist wegen dieser recht groben Nahrung um ein Drittel länger als bei anderen Strandläufern. Die „West-Knutts" überwintern in Westeuropa, die Sibirier fliegen bis West- und Südafrika.

Kollektiv der Einzelgänger
Dieser Knutt im Prachtkleid sucht Muscheln für sich allein, bleibt aber im Schwarm mit Artgenossen.

Aussehen:
Der Schnabel des Knutts ist genauso lang wie sein Kopf und somit relativ kürzer als beim 20 Prozent kleineren Alpenstrandläufer. Wenn beide Arten gemischt auftreten, kann man sie auch im grauen Schlichtkleid gut an der Größe unterscheiden. Im Prachtkleid ist der Knutt in beiden Geschlechtern an Hals und Bauch rostrot, auf dem Rücken braun-rot gesprenkelt. Er kann dann nur mit dem seltenen Sichelstrandläufer verwechselt werden, dessen Beine und Schnabel jedoch länger sind. Im Schlichtkleid ist der Knutt schlicht grau und weiß, wobei Jungvögel hell kontrastierende Federsäume haben. Die Handfedern des Knutts erreichen eine Länge von 126–132 mm und sind graubraun mit hellerer Innenfahne und stets weißem Kiel. Die Schwanzfedern sind grau mit weißen Rändern und Kielen, wobei die äußerste Steuerfeder innen weiß gescheckt ist.

Jungvogel allein unterwegs
An ihren hellen Federkanten erkennt man die Jungvögel. Sie wurden nur drei Wochen nach dem Schlupf von den Altvögeln verlassen. Den Weg ins Wattenmeer mussten sie alleine finden.

Im Schwarmflug tut jeder Knutt reflexhaft, was die Nachbarn tun – das vermeidet Zusammenstöße.

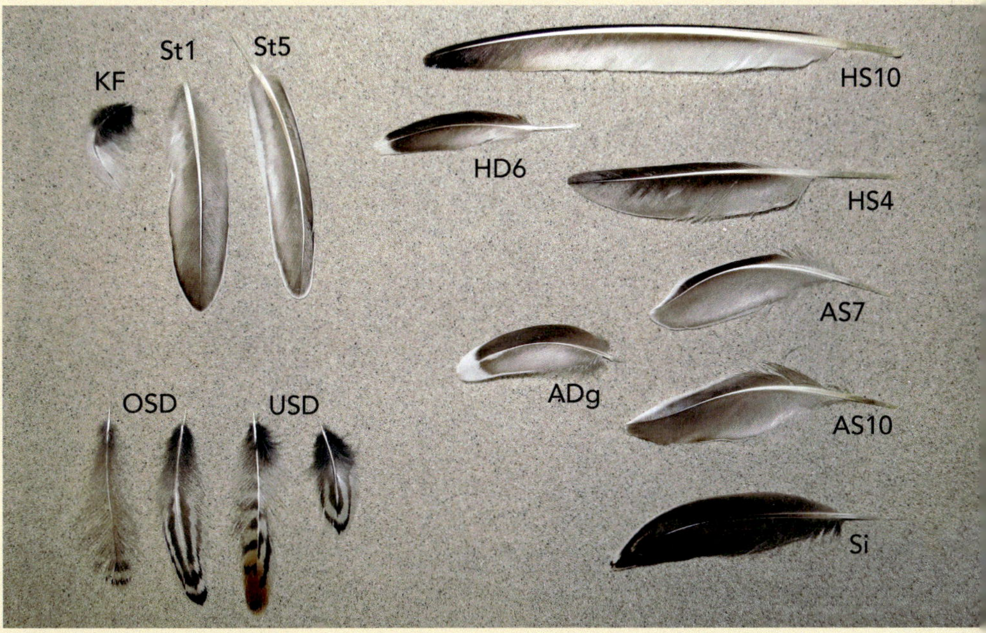

Maßstab 1:2

Sanderling *Calidris alba*

Status: Durchzügler, Wintergast
Häufigkeit: Brut ○○○○○ Gast ●●●●○

Lebensweise:
Der Sanderling ist ein hocharktischer Brutvogel, der außerhalb der Brutzeit an fast allen Stränden der Welt in kleinen Trupps anzutreffen ist. Es ist noch relativ unklar, auf welchen Zugrouten welche Brutgebiete mit welchen Winterrevieren in Beziehung stehen. Sanderlinge aus dem Wattenmeer scheinen schnurgerade Richtung Grönland abzufliegen. Das nächstgelegene Brutvorkommen ist auf Spitzbergen.
Am Wellensaum picken Sanderlinge frisch angespülte Kleinkrebse auf, machen sich aber auch an Quallen und toten Fischen zu schaffen. Ihre Zehen sind erheblich kürzer und breiter als beim gleich großen Alpenstrandläufer, damit sie nicht über ihre Füße stolpern und nicht im weichen Fließsand einsinken. Wegen seiner hektischen Rennerei heißt der Sanderling auf Plattdeutsch „Keen Tied", was „Keine Zeit" bedeutet.

Eilig am Strand
Sandstrände bieten meist nur recht wenig Nahrung, daher suchen die Sanderlinge weite Strecken in großer Geschwindigkeit ab. Wird viel Nahrung angespült, erkämpft sich jeder Vogel ein kleines Revier.

Aussehen:
Während er in Gestalt und Größe fast exakt dem Alpenstrandläufer entspricht, ist der Sanderling durch die viel hellere Oberseite und sein hektisches Umherrennen an der Wellenfront meist einfach zu identifizieren. Im Prachtkleid färbt sich der Vorderkörper bräunlich rot, und der Rücken ist kontrastreich schwarz-braun gefleckt. Der Unterschied zu jungen Alpenstrandläufern mit ebenfalls mattbrauner Brust besteht dann in den schwarzen Rückenflecken des Sanderlings und seinem kürzeren Schnabel. Erwachsene Alpenstrandläufer haben im Prachtkleid eine unverwechselbare schwarze Bauchplatte.
Die Schwungfedern des Sanderlings sind graubraun mit hellen Innenfahnen und am Ende weißen Kielen. Sie erreichen eine Länge von 86–100 mm. Der Schwanz wird 51–58 mm lang und ist mittig braun, nach außen hin zunehmend weiß.

Frostharter Felsküstenvogel
An Steinufern überwintert der Meerstrandläufer (Calidris maritima). Er ist braun mit gelben Beinen und pickt vor allem Seepocken auf, die er auch im kältesten Winter bei uns findet.

Im September mausern erwachsene Sanderlinge ihre dunklen Deckfedern und werden weiß-grau.

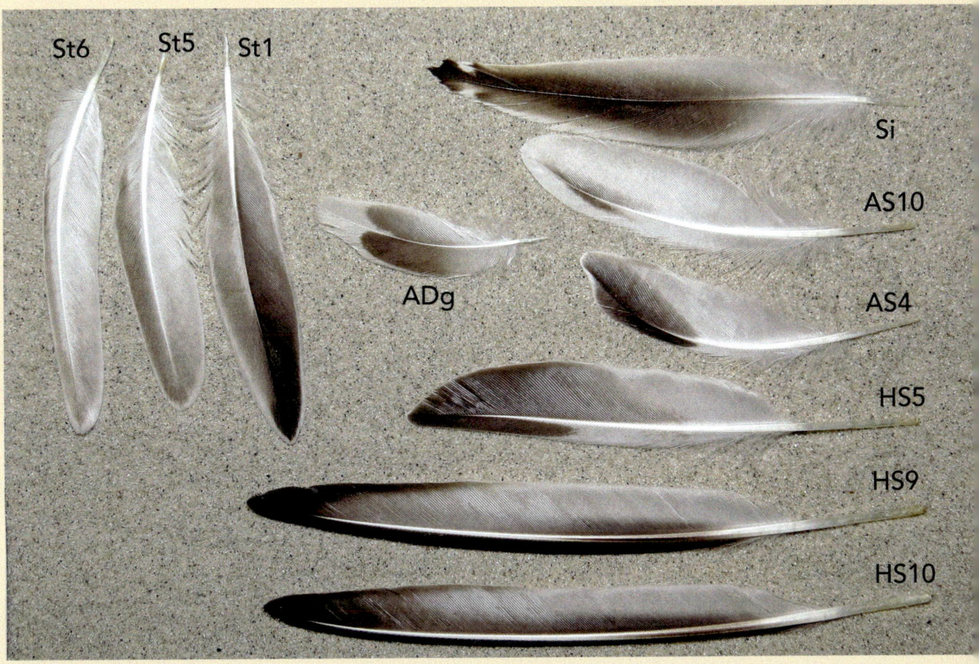

Maßstab 1:1

Alpenstrandläufer *Calidris alpina*

Status: Durchzügler, Wintergast, früher Brutvogel
Häufigkeit: Brut ●○○○○ Gast ●●●●●

Lebensweise:
Mausgrau und mit hellem Bauch und schwarzem Schnabel picken die Alpenstrandläufer vom Herbst bis zum Frühjahr eifrig in Sand und Schlick der deutschen Küsten. Sie sind der Inbegriff des Strandläufers, wobei der Name „Alpen" ihnen zufiel, weil der Schwede Linné sie als Brutvögel der skandinavischen Alpen (heute Fjälls) kannte. Als einziger Strandläufer brütete der „Alpi" auch an Nord- und Ostsee, doch stirbt er hier rasant aus. Was uns bleibt, sind 1,2 Millionen Durchzügler, die an unseren Küsten auf dem Weg nach Afrika bzw. nach Skandinavien und Sibirien rasten. Als Tastjäger sind Alpenstrandläufer auch bei Nacht aktiv. In kalten Wintern weichen sie nach Süden aus, doch ein Teil der Vögel erfriert auch, da sie an den im ersten Lebensjahr gefundenen Rast- und Nahrungsplätzen auszuharren versuchen.

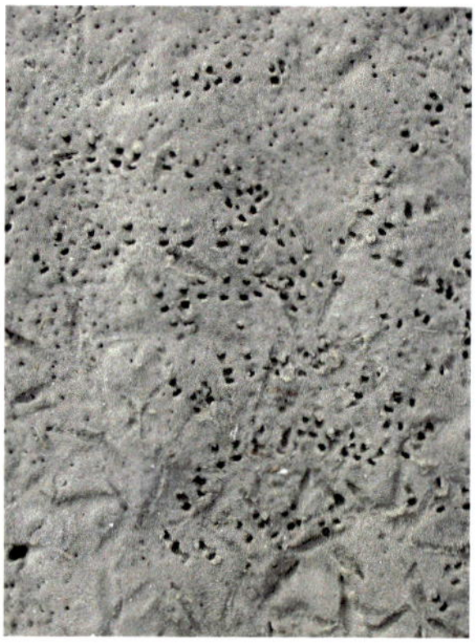

Nähmaschinenvogel: der Alpenstrandläufer
Bei der Nahrungssuche tastet er unter ständigem Stochern mit leicht geöffneter Schnabelspitze im Boden nach Kleintieren. Dies erzeugt lange Doppelreihen von Löchern im feuchten Sand.

Aussehen:
Der Schnabel des Alpenstrandläufers ist etwas länger als sein Kopf und minimal nach unten gebogen. Zur Brutzeit wird der Rücken braun-schwarz gescheckt, die Brust gestrichelt und – ganz unverwechselbar – der Bauch schwarz. Anhand des schwarzen Bauchflecks sind Alpenstrandläufer von Mai bis September immer und überall zu erkennen. Die Jungvögel ähneln im Herbst mit ihrer bräunlichen Brust und dem braunen Rücken Sanderlingen im Prachtkleid, die dann jedoch gerade ins Schlichtkleid wechseln und stets einzelne schwarze Rückenflecken haben. Die Schwungfedern des „Alpi" sind graubraun mit weißlichen Innenfahnen und ab der Mitte weißen Kielen. Die Handschwingen erreichen eine Länge von 85–102 mm. Alle Schwanzfedern sind grau und maximal 46–60 mm lang, ihr Kiel ist im Mittelabschnitt weiß.

Mitten in der Vollmauser
Anfang Oktober trägt dieser „Alpi" noch Teile des Prachtkleides: einzelne farbige Rückenfedern, brauner Kopf, schwarzer Bauchfleck. Die grauen Deckfedern gehören bereits zum Schlichtkleid.

Diesem jungen, noch bräunlichen Alpenstrandläufer wachsen gerade die ersten grauen Winterfedern.

Maßstab 1:1

Skua *Stercorarius skua*

Status: Durchzügler
Häufigkeit: Brut ○○○○○ Gast ●○○○○

Lebensweise:
Dieser fliegende Raubritter, auch Große Raubmöwe genannt, lebt im Umfeld nordischer Seevogelkolonien und belästigt dort auf unterschiedlichste Weise die anderen Vögel. Wenn Seevögel mit Futter für ihre Küken anfliegen, attackiert die Skua sie in der Luft so lange mit Schnabel und Krallen, bis die Angegriffenen ihre Beute fallen lassen. Dies ist für die Opfer das kleinere Übel, denn die Skua kann durchaus Vögel bis zur Größe einer Silbermöwe ergreifen, töten und fressen. Auch Eier und Küken aus Brutkolonien gehören zu ihrem Speiseplan, ebenso wie Aas. Das Nest der Skua liegt meist in der Nachbarschaft der belagertern Seevogelkolonie. Arktische Skuas überwintern auf dem offenen Ozean, überwiegend südlich des Äquators, während Antarktische Skuas den Südwinter im Nordatlantik verbringen.

Porträt eines Kämpfers
Die Schnabelspitze der Skua ist stärker nach unten gebogen als bei den normalen Großmöwen und damit schon sehr greifvogelähnlich. Oft sind kleine Alke ihre Beute.

Aussehen:
Aus der Ferne und bei schlechtem Licht sieht die Skua wie eine dunkle junge Großmöwe aus. Schaut man genauer hin, fällt das helle Band in der Handschwinge auf, das alle Raubmöwen kennzeichnet. Aus der Nähe ist die Grundfarbe der Skua schokoladenbraun statt grau, und es fehlen die Weißanteile, die junge Großmöwen haben. Der Unterschied zu den drei anderen Raubmöwen besteht in der Größe der Skua, ihrem besonders deutlichen hellen Fleck in der Handschwinge und dem Fehlen sonstiger heller Zeichnung. Die Handschwingen sind bis zu 290 mm lang, die Schwanzfedern bis 150 mm. Schwung- und Schwanzfedern sind einheitlich dunkelbraun mit weißen Kielen; Aufhellungen sind im unteren Teil der ersten fünf Handschwingen sowie am Ansatz der Schwanzfedern. Die Körperdeckfedern haben hellbraune Mittelstreifen.

Luftpirat auf der Suche: Skua auf hoher See
Im Flug ist der helle Fleck in der Handschwinge sehr deutlich zu sehen. Andere Raubmöwen haben noch weitere helle Bänder oder Flächen, die der Skua fehlen.

Die Skua ist ein kräftiger, kämpferischer Küstenvogel und kann sogar Graureiher ertränken!

Maßstab 1:3

Schmarotzerraubmöwe *Stercorarius parasiticus*

Status: Durchzügler
Häufigkeit: Brut ○○○○○ Gast ●○○○○

Lebensweise:
Die drei kleineren Raubmöwen – die Spatelraubmöwe (*Stercorarius pomarinus*), die Falkenraubmöwe (*Stercorarius longicaudus*) und eben auch die Schmarotzerraubmöwe – leben wie die Skua „kleptoparasitisch", das heißt durch Beuteraub bei anderen Seevögeln. Sie fressen in ihrem arktischen Brutgebiet, das bevorzugt in der Nähe großer Seevogelkolonien liegt, auch Nagetiere, Wirbellose und – zumindest die kleine Falkenraubmöwe – sogar Beeren. Die Schmarotzerraubmöwe allerdings ernährt sich fast ausschließlich als Luftpirat: Sie attackiert und verfolgt Seevögel so lange im Flug, bis diese verzweifelt ihre Beute fallen lassen, die sich die Raubmöwe im Sturzflug schnappt. Schmarotzerraubmöwen treten in verschiedenfarbigen Federkleidern auf, was ihnen einen Überraschungsvorteil gegenüber ihren oft ahnungslosen Opfern bietet.

Jungvogel in Dunkelbraun
Wie bei unseren Großmöwen sind auch die jungen Raubmöwen dunkel gefärbt. Sie sind im Spätherbst und Winter vereinzelt im Wattenmeer zu sehen, ziehen aber ansonsten bis Brasilien.

Aussehen:
Die Unterscheidung der drei kleineren Raubmöwenarten ist überaus schwierig, da sie bei Schlicht- und Jugendkleidern zahlreiche Farbvarianten zeigen, die in ähnlicher Form bei allen drei Arten auftreten. Jungvögel sind braun gebändert, Altvögel grau-braun-schwarz. Bei Totfunden hilft die Schädellänge bei der Bestimmung: Von der Hornschnabelspitze bis zum Hinterhaupt sind es bei der Spatelraubmöwe 85 mm, bei der Schmarotzerraubmöwe 75 mm und bei der Falkenraubmöwe 70 mm. Im Prachtkleid hat die Spatelraubmöwe löffelförmig verlängerte mittlere Schwanzfedern, die beiden kleineren Arten haben Schwanzspieße. Zur Handschwingenlänge der drei Arten finden sich folgende Maße: Spatelraubmöwe: 270 mm, Schmarotzerraubmöwe: 240 mm, Falkenraubmöwe: 220 mm.

Lemmingjäger
Die Falkenraubmöwe frisst im Brutgebiet überwiegend Lemminge. In Grönland wurde festgestellt, dass Prachteiderenten gerne in der Nähe der Raubmöwen brüten, da diese die Füchse fernhalten.

Die Schmarotzerraubmöwe ähnelt der größeren Spatel- und der kleineren Falkenraubmöwe sehr.

Maßstab 1:2

Trottellumme *Uria aalge*

Status: Brutvogel, Wintergast
Häufigkeit: Brut ●●●○○ Gast ●●●●○

Lebensweise:
Die Trottellumme ist ein reiner Meeresvogel, der nur zur Fortpflanzung Felsküsten aufsucht. Sie ist der am südlichsten vorkommende Alk und brütet vereinzelt bis Portugal. Jedes Paar legt nur ein einziges großes Ei, das sehr spitz ist, damit es nicht vom Felsband rollt. Schon die halbwüchsigen Küken springen nach 20 Tagen unbeholfen vom Brutfelsen ins Meer. Sie können sofort schwimmen und verlassen gemeinsam mit den Eltern zügig das Brutgebiet in Richtung Hochsee. Unter Wasser schwimmen Lummen beim Fischfang gewandt mit Hilfe ihrer Füße und der angewinkelten Flügel. Oft sieht man diese Art in Ketten von 10 bis 20 Vögeln schwimmen und tauchen. Meist bleiben sie 20 bis 120 Sekunden unter Wasser, aber sie schaffen auch fast vier Minuten und kommen bis zu 70 m tief!

Vertikales Wohnen
In fast senkrechten Brutfelsen sind die brütenden Lummen vor vierbeinigen Feinden sicher. Am liebsten besiedeln sie Felsvorsprünge, von wo die Jungen später einen senkrechten Weg zum Meer haben.

Aussehen:
Die Trottellumme wird oft mit Pinguinen verglichen, da sie wie diese sehr aufrecht steht, an Rücken und Kopf schwarz und am Bauch scharf kontrastierend weiß ist; sie fliegt jedoch etwas besser. Im Prachtkleid sind Kopf und Hals der Trottellumme komplett schwarz, im Schlichtkleid sind Hals und Wangen weiß. Der bei einigen Tieren im Sommer auftretende feine weiße Augenring („Ringellumme") ist nur eine Farbvariante. Die Füße der Trottellumme sind schwarz, während sie bei der seltenen Gryllteiste (*Cepphus grylle*) rot und bei der hocharktischen Dickschnabellumme (*Uria lomvia*) hell sind. Die Handschwingen der Trottellumme werden 135–141 mm, die Schwanzfedern 57–68 mm lang. Ähnliche Federmaße haben auch der Tordalk (Schwanz etwas länger) und der Papageientaucher (insgesamt etwas kleiner). Alle genannten Alkenvögel liegen beim Schwimmen wie Seetaucher flach im Wasser, halten aber den Kopf niedriger.

Alk mit dickem Schnabel: der Tordalk
Der Tordalk (Alca torda) und die Trottellumme ähneln sich im Gefieder sehr stark. Beim Tordalk sind jedoch die Kiele der Handschwingen zu knapp einem Drittel, bei der Lumme zur Hälfte weiß.

Im Brutkleid tragen manche Trottellummen einen Augenring, dessen Funktion aber unbekannt ist.

Maßstab 1:2

Dreizehenmöwe *Rissa tridactyla*

Status: Brutvögel, ganzjährig
Häufigkeit: Brut ●●●○○ Gast ●●●●○

Lebensweise:
Die Dreizehenmöwe ist ein reiner Hochseevogel, der niemals an Land oder in Küstennähe Nahrung sucht. Sie brütet an Felsufern von Nordsee und Atlantik, wobei Helgoland mit 5000 bis 7000 Paaren die einzige deutsche Kolonie ist. Hier ist zur Brutzeit tausendfach der eigenartige Ruf der Dreizehenmöwe zu hören, der ihr den englischen Namen „Kitti-wake" einbrachte. Die Nester sind auf Felsbändern angelegt und beherbergen anfangs meist zwei Küken. Manche Küken gehen durch Abstürze oder hungrige Großmöwen verloren. Sandaale und andere oberflächennah lebende Hochseefische sind die Nahrung der Möwe. Außerhalb der Brutzeit ist die Art truppweise auf See oder hinter Fischkuttern zu beobachten. Die Jungvögel legen nach zwei Jahren das Erwachsenenkleid an. An der Ostsee ist die Dreizehenmöwe recht selten.

Möwenküken als Möwenopfer
Dieses Küken wurde von einer Silbermöwe aus dem Nest geraubt, ging bei der Attacke einer weiteren Silbermöwe im Luftkampf verloren und stürzte dann neben den Helgoländer Klippenweg.

Aussehen:
In Größe und Färbung ähneln adulte Dreizehenmöwen der Sturmmöwe, jedoch sind ihre Füße schwarz statt gelb, und es fehlen die weißen Flecken in den schwarzen Schwingenspitzen. Die schwarzen Spitzen sind auch bei einzeln angespülten Flügeln ein sicheres Merkmal der Dreizehenmöwe. Die Jungvögel tragen ein gewinkeltes schwarzes Längsband auf der Oberseite der Flügel, was sie zwar sofort von allen anderen „Küstenmöwen" unterscheidet, allerdings dem Jugendkleid der Zwergmöwe und sonstiger Raritäten (Schwalben-, Rosenmöwe) ähnelt. Im Winterkleid bekommt die Dreizehenmöwe dunkle „Ohrwärmer" wie die Lachmöwe und zusätzlich einen „Schal" im Nacken, jedoch keine graue Sprenkelung wie die Großmöwen. Ihre Handschwingen erreichen eine Länge von 228–254 mm, die weißen Schwanzfedern werden 131–146 mm lang.

Kurz vor dem Abflug
Anfang September sitzen die fast flüggen Jungmöwen im Brutfelsen. Sie sind bereits so groß wie ihre Eltern, zeigen aber eine markante schwarze Bänderung auf den Deckflügeln.

Schwarze Füße und schwarze Flügelspitzen sind die Kennzeichen der Dreizehenmöwe.

Maßstab 1:2

Zwergmöwe *Hydrocoloeus minutus*

Status: Durchzügler
Häufigkeit: Brut ◐○○○○ Gast ●●●○○

Lebensweise:
Die Zwergmöwe ist ein wenig bekannter Küstenvogel, der vor allem auf dem Durchzug im Frühjahr und Herbst zu beobachten, dann aber erstaunlich verbreitet ist. Oft kreist sie flach über der Wasseroberfläche von Seen, Flüssen oder Küstengewässern, um Wasserinsekten aufzupicken oder aus der Luft zu schnappen. Es lohnt sich, Mitte April in Hamburg auf der Elbe nach Zwergmöwen Ausschau zu halten, im Herbst auch draußen bei Helgoland. Zwergmöwen brüten gemeinsam mit Lachmöwen und Seeschwalben im Sumpfbereich großer Binnengewässer. Die Brutgebiete dieser Art liegen seltsam zerstreut in Russland, Finnland, Polen, Schweden und den USA. Ihre Überwinterungsgebiete erstrecken sich mit verschiedenen Zugrouten von der Nordsee und dem Ijsselmeer über das Mittelmeer bis zum Persischen Golf.

Dunkler Kopf, aber keine Lachmöwe!
Nur kurz sieht man Ende April bei durchziehenden Zwergmöwen ihr Prachtkleid mit dem schwarzen Kopf.

Aussehen:
Im Brutkleid wird die Zwergmöwe leicht mit der um ein Drittel größeren Lachmöwe verwechselt, weil sie wie diese eine schwarze Kopfmaske trägt. Allerdings läuft die Maske der Zwergmöwe weiter am Hinterkopf hinab und ist zudem eher schwarz als schokoladenbraun. Auch die Flügelzeichnung der Zwergmöwe ist vollkommen anders: unterseits dunkelgrau, oben hell ohne schwarze Zeichnung und am Hinterrand mit einer durchlaufenden weißen Kante. Zwergmöwen fallen auch über große Entfernung und in gemischten Möwenschwärmen auf, weil ihre dunklen Unterseiten beim Flügelaufschlag hervorblitzen. Ihre Handschwingen erreichen eine Länge von 169–180 mm, die weißen Schwanzfedern 88–104 mm. Jungvögel haben eine dunkle Kopf- und Rückenzeichnung, die im Flug an junge Dreizehenmöwen erinnert.

Markantes Jugendkleid der Zwergmöwe
Der schwarze Streifen im Deckflügel ist ein deutliches Merkmal junger Zwergmöwen. Dieses Jungtier zeigt eine Besonderheit: Die rechte Schwanzhälfte ist schon weiß wie beim Altvogel.

Die Wasseroberfläche ist der Lebensraum der Zwergmöwe, die hier flink nach Nahrung sucht.

Maßstab 1:2

Lachmöwe *Larus ridibundus*

Status: Brutvogel, Wintergast, ganzjährig
Häufigkeit: Brut ●●●●○ Gast ●●●●●

Lebensweise:
Sie lacht nicht wirklich, aber sie brütet oft an Lachen, also flachen Seen – jedenfalls gibt es zwei mögliche Erklärungen für den Namen der Lachmöwe. Ihr Brutgebiet reicht in einem breiten Gürtel von Westeuropa bis Ostsibirien. Zur Überwinterung fliegt sie dorthin, wo es nicht allzu eisig ist, bevorzugt an Gewässer. Lachmöwen sind extrem anpassungsfähig bei der Nahrungssuche: Sie können nach Fischen stoßtauchen, hinter dem Traktor Würmer suchen, im Flug Ameisenköniginnen jagen oder an Häfen um Kekse betteln. In der Nachbarschaft brütender Lachmöwen haben Seeschwalben meist besseren Bruterfolg, weil die Großmöwen vertrieben werden – auch wenn dicke Lachmöwenküken den kleinen Seeschwalben oft die Fische noch aus dem Schnabel herausstehlen. In Deutschland brüten etwa 100 000 Paare der Lachmöwe.

Eifrige Ausgrabungen: Trampelkuhlen zur Muscheljagd
Durch Trampeln auf der Stelle können Lachmöwen Jungmuscheln und Würmer aus dem Boden spülen. Nach einem Schritt zurück folgt die nächste Kuhle. Und die nächste. Meterweit ...

Aussehen:
Als unsere häufigste Möwe und enger Kulturfolger ist die Lachmöwe vielen Menschen bekannt. Sie ist etwa taubengroß – aber schlanker – und trägt im Brutkleid eine schokoladenbraune Gesichtsmaske. Schnabel und Beine der Lachmöwe sind im Prachtkleid tiefrot, bleichen aber zum Winter hin aus. Dann verschwindet auch ihre Kopfmaske und wird durch graue „Ohrknöpfe" ersetzt. Die langen Handschwingen sind an der Vorderkante schwarz, die kürzeren grau mit schwarzen Spitzen. Diesjährige Jungvögel sind an graubraunen Deckflügelpartien und einer schwarzen Endbinde im Schwanz erkennbar. Ab Februar verdunkelt sich die Kopffärbung wieder, teilweise auch schon bei vorjährigen Jungvögeln, deren Handschwingenfärbung übrigens dem Austernfischer ähnelt. Die Handschwingen der Lachmöwe erreichen eine Länge von 218–262 mm, die Schwanzfedern werden 108–140 mm lang.

Schmucklos im Winter: Lachmöwe im Schlichtkleid
Im Winter fehlen die Gesichtsmaske und die Rotfärbung von Schnabel und Füßen, stattdessen tragen Lachmöwen „Ohrenschützer". Warum Wasservögel oft auf nur einem Bein ruhen, ist noch nicht ganz geklärt.

Die braune Gesichtsmaske der Lachmöwe ist ein Warnsignal, das Artgenossen auf Abstand hält.

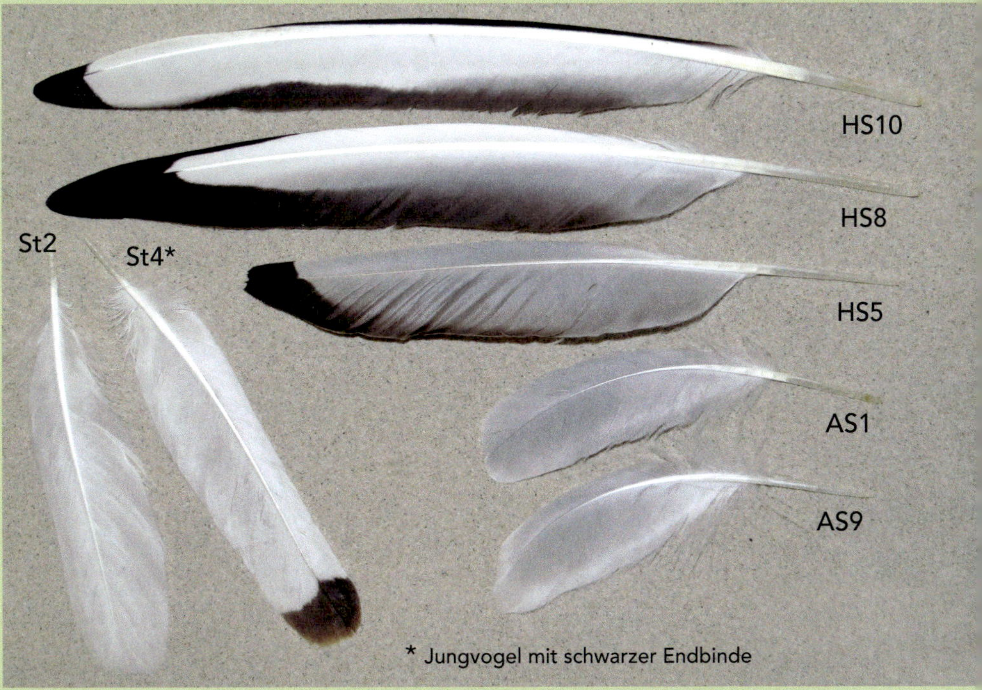

Maßstab 1:2

Sturmmöwe *Larus canus*

Status: Brutvogel, ganzjährig
Häufigkeit: Brut ●●●●○ Gast ●●●●○

Lebensweise:
Ob diese Möwe wirklich vor heranziehenden Stürmen landeinwärts fliegt, ist nicht bewiesen. Sicher ist, dass sie eine der am weitesten verbreiteten Möwenarten der Nordhalbkugel ist und in vier Unterarten von Lübeck bis Tokio und New York vorkommt. Auch im Binnenland gibt es viele Brutvorkommen der Sturmmöwe an Seen und in Sumpfgebieten, einige sogar in einer Höhe von über 1000 m in Norwegen. Sturmmöwen sind sehr anpassungsfähig, was Nistplatz und Nahrung anbelangt. Oft sieht man sie auf Wiesen und Äckern, wo sie fleißig Käfer aufpicken – oder auch Fliegenmaden, wenn der Gülle-Traktor gerade da war. Mitteleuropäische Sturmmöwen wandern nicht allzu weit, aber ihre skandinavischen Artgenossen treffen im Herbst in großer Zahl an Nord- und Ostsee ein. Der Gesamtbestand nimmt seit 1990 ab, aber die Art gilt noch nicht als gefährdet.

Keine Ringschnabelmöwe!
Im Winterkleid erinnert die Sturmmöwe an die amerikanische Ringschnabelmöwe (Larus delawarensis), die gelegentlich über den Atlantik geweht wird, aber einen größeren Schnabel hat.

Aussehen:
Zwischen größeren Silber- und kleineren Lachmöwen ist die Sturmmöwe oftmals nicht ganz leicht zu identifizieren. Aus der Nähe ist es im Sommer einfach: Das Auge der Sturmmöwe ist schwarz statt gelb und wirkt „freundlicher", ihr Schnabel ist schlank und ohne roten Punkt, und die Beine sind gelblich statt rosa. Im Winter hat die Sturmmöwe meist einen dunklen Schnabelring, der der Silbermöwe fehlt. Beide Arten bekommen im Winter eine graue Strichelung am Kopf. Kann man die hellen Möwen nur anhand der Größe unterscheiden, so ist das Verhältnis von Silber- zu Sturm- zu Lachmöwe etwa 8:7:6. Die Handschwingen der Sturmmöwe erreichen eine Länge von 270–305 mm, die Schwanzfedern 142–160 mm. Minimal kleiner und farblich ähnlich ist die Dreizehenmöwe, die jedoch komplett schwarze Füße und Flügelspitzen hat.

Mauserlücke zur Sommerzeit
Nach dem Ende der Brutzeit mausern viele Küstenvögel, so auch die Sturmmöwe. Am Handgelenk fallen die ersten Federn aus. Dann wandert die Mauserlücke binnen zwei Monaten zur Flügelspitze.

MÖWEN

Der zierliche Schnabel und das dunkle Auge unterscheiden die Sturmmöwe sicher von der Silbermöwe.

Maßstab 1:3

Mantelmöwe *Larus marinus*

Status: Wintergast, selten Brutvogel
Häufigkeit: Brut ●○○○○ Gast ●●●○○

Lebensweise:

Die Rolle des „Fieslings" ist an den Seevogelfelsen des Nordatlantiks schon mit den Raubmöwen besetzt. Direkt nach ihnen kommt aber die Mantelmöwe, die – wenn der Hunger groß genug ist – Vögel bis Entengröße angreifen und fressen kann. Für Kleinvögel auf dem Zug über die Nordsee sind Mantelmöwen – nach schlechtem Wetter – das zweitgrößte Todesrisiko. Die Möwe drückt die Kleinvögel aufs Wasser und schluckt sie dann komplett. Einige Mantelmöwen brüten neuerdings in den Seevogelkolonien des Wattenmeers. Möglicherweise wurden sie durch klimabedingte Brutausfälle in den nordischen Brutkolonien südwärts getrieben. Im Winterhalbjahr sind junge und alte Mantelmöwen an unseren Küsten zahlreich zu beobachten. Sie fressen bevorzugt Meerestiere – Regenwürmer und Kekse sind unter ihrer Würde.

Groß und halbstark
Junge Mantelmöwen sind auffallend groß, aber sonst nur schwer von anderen Jungmöwen zu unterscheiden. Viele ihrer Deckfedern haben umlaufende helle Randlinien.

Aussehen:

Im Vergleich zu anderen Möwen fällt die Mantelmöwe stets durch ihre Größe auf. Sie erreicht eine Spannweite von 165 cm und ist um 10 Prozent größer als die Silber- und Heringsmöwe. Mit letzterer hat die Mantelmöwe die dunkelgrauen Deckflügel gemeinsam, die aus der Ferne schwarz aussehen. Fehlt der Größenvergleich, wird die Beinfarbe wichtig: Die Füße der Mantelmöwe sind rosa, die der Heringsmöwe gelb(lich). Die Handschwingen erwachsener Mantelmöwen sind grauschwarz mit schwarz-weißen Spitzenflecken und werden 366–391 mm lang. Im Unterschied zur Heringsmöwe sind ihre Kiele unten und zur Spitze weiß. Die Schwanzfedern erreichen eine Länge von 210–230 mm und sind ab dem vierten Lebensjahr reinweiß. Junge Großmöwen haben auf den Schwanzfedern ein zum Ende hin verdichtetes Strich- und Punktmuster.

Unsere größte Großmöwe
Im Flug, wenn die Füße im Gefieder verborgen sind, verrät manchmal der klobige Schnabel die Mantelmöwe. Die Heringsmöwe ist nicht nur kleiner, sondern auch zierlicher gebaut.

Aufgrund ihrer Kraft und Größe haben Mantelmöwen kaum Feinde – allenfalls die kämpferische Skua.

Maßstab 1:3

Silbermöwe *Larus argentatus*

Status: Brutvogel, Wintergast, ganzjährig
Häufigkeit: Brut ●●●●○ Gast ●●●●●

Lebensweise:
Auch wenn die Silbermöwe heute von keinem Strand wegzudenken ist, gab es sie noch um 1900 nur vereinzelt an der Küste. Im Gefolge des Menschen fand sie Fischreste in Häfen und auf Fischkuttern. Mittlerweile hat sie aber auch durch fütternde Urlauber gelernt, dass das, was Menschen in der Hand halten, oft lecker ist. In einigen Hafenorten gibt es spezialisierte „Dönermöwen", die systematisch Urlauber berauben. Seit der europaweiten Schließung großer Mülldeponien schrumpft der Bestand der Silbermöwe, weil Krebse und Muscheln im Winter nicht für alle Möwen ausreichen. Hartschalige Beute wird im Kaumagen zerknackt, die unverdaulichen Reste würgt die Möwe als „Speiballen" hervor. Das Futter für die Küken bringen die Altvögel im Kropf mit und spucken es aus, wenn ein Küken gegen ihren roten Schnabelfleck pickt.

Mitten in der Pubertät: dreijährige Silbermöwe
In den ersten zwei Jahren sind junge Silber-, Herings- und Mantelmöwen nur schwer unterscheidbar. Im dritten Jahr wachsen der Silbermöwe silbergraue Flügeldeckfedern – nun ist alles klar.

Aussehen:
Das silbergraue Rückengefieder, das Seevögel gegen Hitze schützt und auch der Kommunikation dient („sehen und gesehen werden"), tritt bei mehreren unserer Möwenarten auf. Da sie deutlich größer als die Sturm-, Dreizehen- und Lachmöwe ist, ist die Silbermöwe unter den hellen Möwenarten als Altvogel recht leicht erkennbar. Vorsicht ist allerdings geboten, falls die Füße gelb sind: Dies deutet auf Steppen- oder Mittelmeermöwen hin. Junge Silbermöwen sind grau-braun gescheckt und wechseln schrittweise über drei Jahre in das silberweiße Federkleid der Altvögel. Die Unterscheidung der Jungmöwenarten und Altersstadien ist mühsam. Junge Silbermöwen haben am Ende der vierten Handschwinge einen hellgrauen Fleck, aber dieses Merkmal ist undeutlich. Die Handschwingen der Silbermöwe werden 311–331 mm, die Schwanzfedern 173–183 mm lang.

Sonnenhungriger Doppelgänger: die Mittelmeermöwe
In Körperbau und Gefiederfärbung ist die Mittelmeermöwe (Larus michahellis) fast identisch mit der Silbermöwe. Sie hat jedoch gelbe Füße – und spricht natürlich Italienisch.

Das Männchen – rechts, mit Farbring – hat einen etwas klobigeren Kopf als die weibliche Silbermöwe.

Maßstab 1:3

Heringsmöwe *Larus fuscus*

Status: Brutvogel
Häufigkeit: Brut ●●●●○ Gast ●●●○○

Lebensweise:
Was Lach- und Silbermöwe um 1900 durchlaufen haben, fand bei der Heringsmöwe ab 1990 statt: die Eroberung der Wattenmeerküste als Brutgebiet, die tausendfache Vermehrung und die Umstellung auf „Universalfutter". Noch um 1990 fraß die Heringsmöwe praktisch nur Fischabfälle und folgte Kuttern auf hoher See. Mittlerweile sieht man sie auch im Hinterland auf Äckern und Wiesen, und es gibt große Brutkolonien dieser Art im Wattenmeer. Als einzige Großmöwe ist die Heringsmöwe ein Langstreckenzieher: Im Herbst verlässt sie Nord- und Ostsee und zieht über See und Land nach Spanien und Nordafrika. Zahlreiche Sichtungsmeldungen von farbberingten Heringsmöwen erlauben eine Entschlüsselung des Zugwegs dieser „Wandermöwe".

Ein Ring fürs Leben: Jungmöwe im Dienst der Forschung
Dieser Farbring wird die Möwe ihr Leben lang begleiten. Engagierte Vogelbeobachter melden Ort und Zeit jeder Sichtung (z.B. auf www.beachexplorer.org) – machen Sie mit!

Aussehen:
Die Heringsmöwe ist in Gestalt und Größe fast ein Zwilling der Silbermöwe. Allerdings sind ihre Füße gelb und die Flügel grauschwarz statt silbergrau. Dadurch lassen sich die beiden nah verwandten Arten, die sich sogar ausnahmsweise verpaaren können, im Freiland leicht unterscheiden. Schwieriger ist die Trennung von der ebenfalls schwarzrückigen Mantelmöwe. Diese hat rosa Beine, doch können auch die Beine der Heringsmöwe je nach Belichtung rosa statt gelb aussehen. Dann hilft – außer der Tatsache, dass die Mantelmöwe um 10 Prozent größer ist – vielleicht noch die Schnabelform, die bei der Heringsmöwe schlanker wirkt.
Die Handschwingenfedern erreichen eine Länge von 318–335 mm und haben im Gegensatz zur Mantelmöwe durchgehend dunkle Kiele ohne Weiß. Die Schwanzfedern der Heringsmöwe sind wie bei der Silbermöwe bei den Altvögeln 180–190 mm lang und weiß.

Härten der Verdauung: Speiballen
Heringsmöwen hinterlassen an ihren Rastplätzen zu Klumpen gepresste Beutereste. Hier war es eine Strandkrabbe, deren leere Schalenreste nun in der Sonne ausbleichen.

MÖWEN

Aus der Nähe betrachtet ist der Rücken der Heringsmöwe dunkelgrau, aus der Ferne wirkt er schwarz.

Maßstab 1:3

Zwergseeschwalbe *Sternula albifrons*

Status: Brutvogel
Häufigkeit: Brut ●●○○○ Gast ○○○○○

Lebensweise:
Die Zwergseeschwalbe ist eine fast weltweit verbreitete Pionierart an offenen Stränden. Wie der Seeregenpfeifer brütet sie weit draußen auf kahlen Sandbänken, wo – hoffentlich – noch keine Räuber auftreten. Sie ernährt sich stoßtauchend in Ufernähe von kleinen Fischen, am liebsten Hering. Leider kommt es an ihren bevorzugten Brutplätzen oft zu Störungen durch Badegäste, Spaziergänger und Hunde. Außerdem führen Sommerstürme und Füchse immer öfter zu totalen Brutverlusten, so dass diese Art stark im Rückgang ist. Aufgrund von Beringungen weiß man, dass Zwergseeschwalben kurzfristig zwischen Nord- und Ostsee umziehen können oder auch von England nach Italien umsiedeln. Die großen Wanderungen dieses kleinen Vogels sind noch weitgehend unverstanden.

Schutz der Brutplätze
Da Badegäste eine ganz ähnliche Vorliebe für schöne Strände haben wie die Zwergseeschwalbe, müssen zur Brutzeit einige Strandabschnitte als Brutplätze für die Seeschwalben gesperrt werden.

Aussehen:
Unter den an unseren Küsten verbreiteten Seeschwalben ist die Zwergseeschwalbe sowohl an ihrer geringen Größe als auch am überwiegend gelben Schnabel mit schwarzer Spitze eindeutig identifizierbar. Sie hat als einzige Art auch im Prachtkleid eine weiße Stirn, jedoch könnte es gerade hier zu Verwechslungen mit jungen Fluss- und Küstenseeschwalben kommen, die ebenfalls weißstirnig sind. Die beiden äußersten Handschwingen der Zwergseeschwalbe sind 134–150 mm lang und auffallend schwarzgrau im ansonsten silberweißen Flügel. Ihre weißen Schwanzspieße sind 71–85 mm lang, wobei der Schwanz recht tief gegabelt ist, was diese Seeschwalbe von den etwas größeren „Süßwasser-Seeschwalben" (Trauer-, Weißflügel-, Weißbartseeschwalbe) unterscheidet, die kurzschwänzig und dunkler gezeichnet sind.

Kein Weiß am Ohr: junge Zwergseeschwalbe
Die Jungvögel aller heimischen Seeschwalben sind oberseits graubraun geschuppt. Bei jungen „Zwergen" hat die schwarze Kopfkappe einen geraden Unterrand ohne Ausbuchtung am Ohr.

Die weiße Brust unterscheidet die Zwergseeschwalbe von den hellgrauen Schwesterarten in Asien und Amerika.

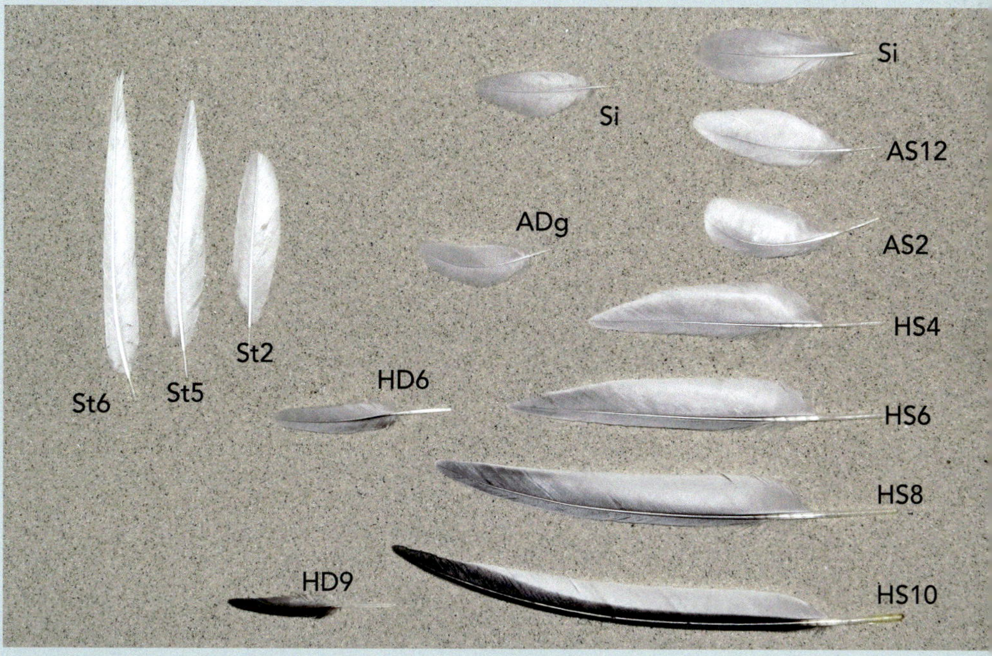

Maßstab 1:2

Brandseeschwalbe *Sterna sandvicensis*

Status: Brutvogel
Häufigkeit: Brut ●●●○○ Gast ●●●○○

Lebensweise:
Wie alle unsere Seeschwalben ist die Brandseeschwalbe ein Langstreckenzieher und überwintert in Afrika. Sie verschwindet als letzte Seeschwalbe im September und erscheint Mitte März wieder auf der offenen Nordsee, Anfang April auch in Küstennähe. Ihre Brutkolonien gründet sie nur an absolut störungsfreien Orten. Das Auftauchen eines einzigen Menschen Mitte April reicht, um Tausende von Paaren abwandern zu lassen. Während der Brutzeit fliegen die Altvögel oft 30 km und mehr, um Heringe oder Sandaale für die Jungen zu erbeuten. Bei der Rückkehr zur Kolonie erkennen Eltern und Küken sich an den individuellen Stimmen und finden so zueinander. Sind die Küken flügge, fliegen sie mit den Eltern an fischreiche Strände, wo sie „Stoßtauchunterricht" bekommen. Später in Afrika trainieren die Jungen monatelang alleine weiter.

Einigkeit macht stark: Kolonie der Brandseeschwalben
Zur Verteidigung gegen Großmöwen und andere mögliche Angreifer brüten Brandseeschwalben – oft gemischt mit Lachmöwen – in dichten Kolonien von 500 bis 5000 Paaren.

Aussehen:
Mit ihrem schwarzen Federschopf und dem rau krächzenden Ruf ist die Brandseeschwalbe an jedem Vogelrastplatz schnell zu entdecken. Sie hat etwa die Größe einer Lachmöwe, ist aber viel kurzbeiniger und durch ihre langen Flügel und Schwanzspieße auch langgestreckter. Beine und Schnabel sind schwarz, die Schnabelspitze ist gelb, ansonsten ist der Vogel weiß mit silbernen Deckflügeln wie viele andere Möwenartige. Die äußerste Handfeder ist mit 225–240 mm nicht viel länger als bei Fluss- und Küstenseeschwalben, hat an der Innenfahne aber mehr Weiß, das bis zur Spitze hinaufläuft. Die dunklen Partien der Schwungfedern sind insgesamt schmaler und zudem heller grau als bei den beiden anderen Arten. Die äußeren Schwanzfedern erreichen eine Länge von 125–165 mm und sind schneeweiß, die inneren sind silbrig.

Königliches Federkleid: junge Brandseeschwalbe
Wie der Hermelinpelz am Mantel eines Königs sieht das weiße, schwarz getupfte Jugendkleid der Brandseeschwalbe aus.

SEESCHWALBEN

Nach dem Stoßtauchen schüttelt die Brandseeschwalbe die letzten Wassertropfen aus dem Gefieder.

Maßstab 1:2

Flussseeschwalbe *Sterna hirundo*

Status: Brutvogel
Häufigkeit: Brut ●●●○○ Gast ●●○○○

Lebensweise:
Die Flussseeschwalbe lebte früher überall in Europa an Ufern und Seen, hat aber die meisten ihrer Brutplätze im Binnenland verloren und ist nur noch an der Küste häufiger anzutreffen. In Wilhelmshaven gibt es eine Kolonie, wo seit Jahren jeder Vogel vermessen, DNA-analysiert und mit einem Chip versehen wird. Die Vögel nisten hier auf Elektrowaagen, so dass jede Fütterung für jedes Küken registriert wird. Man weiß inzwischen, dass zuerst geschlüpfte Jungtiere besser überleben, weil sie aus größeren Eiern schlüpfen, dass ältere Vögel früher und erfolgreicher brüten und dass die „Scheidungsrate" der Schwalbenpaare nach dem ersten Brutjahr bei 45 Prozent liegt. Sogar, dass 1 Prozent der Küken aus Seitensprüngen stammt, ist erwiesen. Anfang September verlassen alle Flussseeschwalben Europa, um an Westafrikas Küsten zu überwintern. Sie können über 20 Jahre alt werden.

Hungriger Nachwuchs
Aus den meist drei Eiern, die in eine schlichte Sandkuhle gelegt werden, wächst oft nur ein Küken heran. Sein gewaltiger Hunger wird am besten mit fettreichen Heringen gestillt.

Aussehen:
Die Unterscheidung von Fluss- und Küstenseeschwalbe ist mühsam, aber keine Hexerei. Im Flug sieht man bei der Flussseeschwalbe, dass die äußeren fünf Schwungfedern deutlich dunkler als die restlichen Flügelflächen sind. Von unten wirken die Flügel grau und undurchsichtig. Im Sitzen sind die Schwanzspieße dieser Art kürzer als die Flügelspitzen, und man erkennt, dass die roten Beine etwa um ein Drittel so hoch sind wie der Körper. Am Schnabel ist das Spitzendrittel schwarz, nach der Brutzeit verdunkelt er sich weiter. Die äußerste Handfeder ist 214–225 mm lang und hat ein schwarzes Längsband, das beiderseits des Kiels nach oben zieht und auf der Innenfahne breiter ist als die Außenfahne. Ein relativ langer Spitzenabschnitt der fünf längsten Federn ist schwarz. Die lange Schwanzfeder wird 145–172 mm lang und ist außen grau.

Dunkle Handschwinge: Flussseeschwalbe
Im Flugbild sind die äußersten Handschwingen, die ein halbes Jahr versetzt zum restlichen Flügel gemausert werden, dunkler grau abgesetzt.

Die Schwingenmauser der Flussseeschwalbe wird zur Zugzeit unterbrochen, die alten Federn sind dunkel.

Maßstab 1:2

Küstenseeschwalbe *Sterna paradisaea*

Status: Brutvogel
Häufigkeit: Brut ●●●○○ Gast ●●●○○

Lebensweise:
Die Nord- und Ostsee bilden den Südrand des Verbreitungsgebietes der „Arktischen Seeschwalbe" („Arctic Tern"), wie die Küstenseeschwalbe auf Englisch heißt. Sie brütet in Kolonien, oft mit Lachmöwe und Flussseeschwalbe gemeinsam, und verteidigt ihr Nest überaus aggressiv.

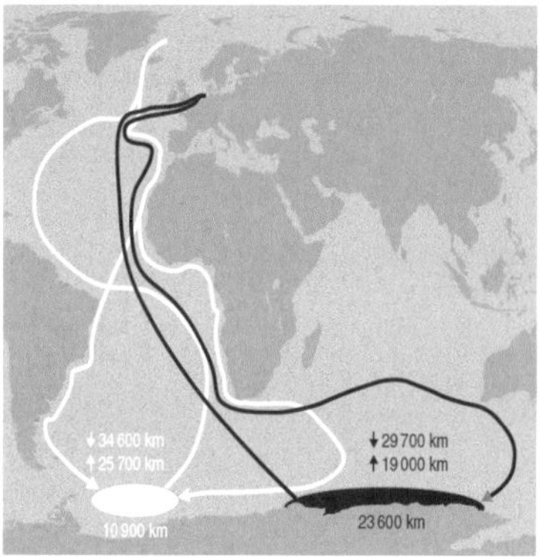

Weltmeister im Langstreckenflug:
90 000 Kilometer pro Jahr!
Dass Grönlands Seeschwalben in der Antarktis überwintern und über Brasilien nordwärts ziehen, ist erstaunlich. Dass holländische Vögel bis Neuseeland fliegen, ist sogar beinahe unglaublich.

Der Bruterfolg der Küstenseeschwalbe steht und fällt mit dem Angebot an jungen Fettfischen (Hering, Stint) zur Schlupfzeit der Küken. Die Balzspiele, bei denen das Männchen seiner Auserwählten Fische schenkt, geben dem Weibchen Hinweise, ob die Futtersituation gut ist. Das klimabedingte Ausbleiben junger Heringe seit etwa dem Jahr 2000 hat die Seeschwalbenbestände des Wattenmeeres spürbar gesenkt. Ende August verlassen die Küstenseeschwalben das Wattenmeer, um Mitte April von einer langen Reise zurückzukehren.

Aussehen:
Die Arterkennung der Küstenseeschwalbe ist im Flug und am Boden gleichermaßen möglich. Im Flug sind ihre Arm- und Handschwingen außen durchscheinend hell, und die Handschwingen haben am Hinterrand eine schmale dunkle Kante. Beim sitzenden Vogel überragen die Schwanzspieße die Flügelspitzen, die kurzen roten Beinchen haben nur ein Viertel der Körperhöhe, und der etwas kürzere Schnabel ist fast immer ganz rot. Die längste Handschwinge erreicht eine Länge von 185–225 mm, die Schwanzfedern sind 108–200 mm lang und außen grau.
Bei Jungvögeln ist die schuppige Rückenzeichnung grau, nicht gelblich wie bei der Flussseeschwalbe, und der waagerechte Flügelstreifen aus Kleinfedern unter dem „Handgelenk" ist verwaschen grau, nicht schwarz.

Küstenseeschwalbe im Rüttelflug
Die langen Schwanzspieße dienen als Balancierstangen, um in der Luft über dem Beutefisch die Position zu halten. Bei unruhiger See wird nur bei oberflächennahen Zielen zugestoßen.

Die langen Schwanzspieße der Küstenseeschwalbe sind Balancierhilfen – im Flug und bei der Paarung.

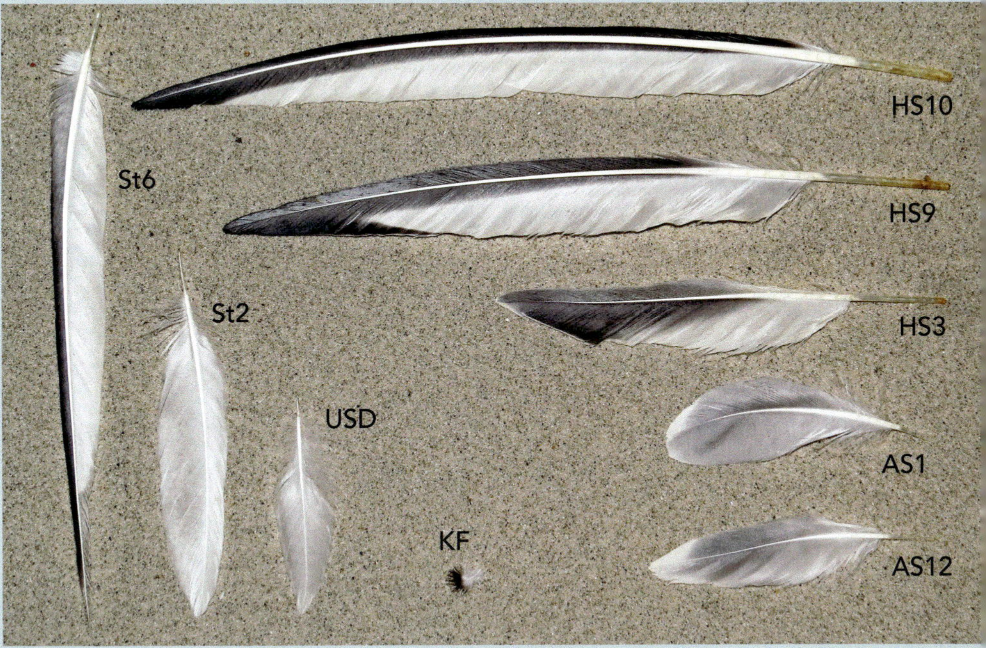

Maßstab 1:2

Sumpfohreule *Asio flammeus*

Status: Brutvogel, Durchzügler
Häufigkeit: Brut ●○○○○ Gast ●●○○○

Lebensweise:
Auch wenn man Eulen nicht unbedingt als Seevögel ansieht, ist die Sumpfohreule doch küstentypisch. Sie ist teils tagaktiv und dann gut zu beobachten, zieht an den Küsten entlang und brütet als Offenlandbewohner auch in Heiden, Schilfgebieten und langgrasigen Salzwiesen. Ihr riesiges Brutgebiet umfasst Nord- und Südamerika, Asien und Europa. Die Sumpfohreule ist Bodenbrüter und zieht je nach Nahrungsangebot drei, mitunter auch bis zu sechs Junge groß. In ihrem Revier von 60–100 ha Größe jagt sie als „Opportunist" Wühlmäuse oder Spitzmäuse, notfalls auch Küken und Käfer. Vor dem skandinavischen Winter weichen viele Sumpfohreulen – teils in Gruppen – in Richtung Süden aus und halten sich dort auf, wo sie gerade Beute finden. Jahrweise bleiben sie auch zur Brut an einem neuen Ort und ziehen dann wieder weiter.

Ungleiche Geschwister: Küken der Sumpfohreule
Bei vielen Eulen beginnt die Brut schon nach der ersten Eiablage, so dass Küken aus späteren Eiern jünger sind als ihre Geschwister. Bei Futtermangel werden die Kleinsten gefressen.

Aussehen:
Wie alle Eulen und viele Greifvögel zeigt die Sumpfohreule eine gefleckte und gebänderte Tarnzeichnung, die ihr im Schlaf vermutlich lästige Angriffe durch „hassende" Kleinvögel und Krähen ersparen soll. Tagsüber könnte sie theoretisch von Habicht, Wanderfalke oder Seeadler gefressen werden. Die recht oft auch in den Morgen- und Abendstunden aktive Eule ist im Grundton gelbbraun und etwas heller als die Waldohreule. Sie fliegt mit auf und ab schwingendem Körper und hat kaum Federohren; ihre Augen sind sehr gelb. Die meist zwei dunklen Bänder in den 240–260 mm langen Handschwingen sind breiter als bei der Waldohreule, die meist drei Bänder hat. Auch auf den 150–160 mm langen Steuerfedern sind die Querbinden dunkler und breiter und bei der Sumpfohreule eine Binde weniger als bei der häufigeren Waldohreule.

Harry Potters „Hedwig" auf Strandurlaub
In manchen Wintern kommen Schneeeulen (Bubo scandiacus) für einige Wochen bis an unsere Küsten. Die Männchen sind fast ganz weiß, die Weibchen und Jungvögel getupft.

EULEN

Oft ist die Sumpfohreule tagaktiv. Dieser mausernde Vogel hat nur sieben von zehn Handschwingen.

Maßstab 1:2

Feldlerche *Alauda arvensis*

Status: Brutvogel
Häufigkeit: Brut ●●●●○ Gast ●●●●○

Lebensweise:
Ihr jubilierender Gesang aus großer Höhe gehört zum Sommer einfach dazu. Aber schon ab Ende Februar kündigt die Feldlerche manchmal durch ihren Reviergesang den Frühling an. Sie brütet perfekt getarnt am Boden zwischen lückiger Vegetation und zieht pro Sommer meist zwei Bruten mit bis zu sechs Jungen auf. Früher war diese Art so häufig auf schwach gedüngten Wiesen und Äckern, dass man sie zu Tausenden fing und in Spankörbchen dutzendweise als Delikatesse verkaufte. Heute müssen Landwirte dafür bezahlt werden, in Äckern ungespritzte „Lerchenfenster" zu lassen, wo die Feldlerche noch brüten kann. Auch die Vogeljagd in Südeuropa und in den Wintergebieten dieser Lerche in Nordafrika macht der Art zu schaffen. Ihre Bestände sind stark rückläufig, obwohl sie Kleintiere und Pflanzenteile aller Art frisst.

Ausdauer zeigen: Lerchenmann im Singflug
Der trillernde Singflug, bei dem das Männchen sich senkrecht bis zu 100 m in die Höhe schraubt, ist ein Beweis der Fitness des Vogels und eine Revierkennzeichnung für andere Feldlerchen.

Aussehen:
Die Feldlerche ist ein mittelgroßer Singvogel in der Größe zwischen Spatz und Amsel. Ihr Schwanz ist recht lang, und bei Erregung stellt sie eine Federhaube auf. Kopf, Brust und Nacken sind dunkel gefleckt auf hellbraunem Grund, der Bauch ist jedoch fleckenlos. Dies unterscheidet die Lerche von den Piepern, die bis weiter unten gefleckt sind und zudem einen spitzeren Schnabel haben. Die Feldlerche läuft geduckt, fliegt bei Gefahr bodennah ab und schlägt beim Landen oft einen Haken. Ihre Schwanzfedern sind im Durchschnitt 75 mm lang und graubraun, die äußersten mit weißem, zur Spitze verbreitertem Feld, das beim Auffliegen aufblitzt. Die Handschwingen der Feldlerche sind durchschnittlich 95 mm, ansonsten auch bis 101 mm lang und haben an der Außenfahne einen hellen Saum, was auch für die Armschwingen gilt.

Markanter Wintergast: die Ohrenlerche
Im Winterhalbjahr sind an Deichen und Dünenrändern oft Ohrenlerchen (Eremophila alpestris) anzutreffen, die hier nach Samen als Winterfutter suchen – oft zusammen mit Schneeammern.

Wenn die Feldlerche sich so aufplustert, wird ihre Federhaube besonders deutlich sichtbar.

Maßstab 1:1

Star *Sturnus vulgaris*

Status: Durchzügler, auch Brutvogel
Häufigkeit: Brut ●●●●○ Gast ●●●●●

Lebensweise:
Zur Brutzeit im Frühsommer, wenn er Baumhöhlen oder Nistkästen benötigt, ist der Star in Küstennähe allenfalls in Gärten zu sehen. Das Männchen baut ein Höhlennest, dekoriert es mit Grünzeug und sogar Duftkräutern und überzeugt dann ein Weibchen zur Heirat. Sobald die bis zu fünf Jungen flügge sind – im Norden gibt es meist nur eine Brut pro Jahr –, versammeln die Stare sich in großen Schwärmen, die tagsüber gesellig nach Insekten suchen (oder Obstgärten plündern) und nachts in Bäumen oder Röhrichten schlafen. In Küstensalzwiesen stochern Starenschwärme oft nach Salzwiesen-Flohkrebsen. In der Abenddämmerung vollführen die teils riesigen Schwärme als dichte Wolken fantastische Flugspiele, was in der Tøndermarsch bei Ribe (DK) ein Touristenmagnet ist.

Wenn Vögel die Sonne verfinstern
Die abendlichen Schwarmflüge der Stare am Schlafplatz heißen in Dänemark „Schwarze Sonne" und finden über Schilfgebieten statt, da Räuber sich dort nachts nur schwer anschleichen können.

Aussehen:
Der Star ist in vielerlei Hinsicht das Gegenteil zur etwa gleich großen Amsel: Er steht aufrecht statt waagerecht, läuft, statt zu hüpfen, ist überaus gesellig, hat einen kurzen Schwanz und spreizt oft sein Gefieder. Die Altvögel sind glänzend schwarz mit weißen Federspitzen, das Jugendkleid ist schlicht grau-braun. Wie die Amsel ist der Star ein lauter und gesangsfreudiger Vogel, der oft auf hohen Punkten sitzt und sein Revier „besingt". Typisch für den Star ist, dass er „spottet", also die Rufe verschiedenster anderer Arten in sein Lied einbaut – seien es die Rufe von Mäusebussard oder Rotschenkel oder sogar das Klingeln eines Telefons. Starenschwärme sind ständig am Zwitschern. Alle seine Schwungfedern haben einen hellen Außensaum, die längsten sind 100–115 mm lang. Auch die Schwanzfedern sind hell gesäumt und erreichen eine Länge von 62–78 mm.

Schlichte Jungvögel
Die Jungtiere sind noch heller braun und daher im Schwarm gut erkennbar. Sie sind ein beliebtes Ziel für hungrige Wanderfalken, Sperber, Merline und Katzen.

SPERLINGSVÖGEL

Zur Brutzeit und bei günstiger Beleuchtung können erwachsene Stare sehr farbenfroh aussehen.

Maßstab 1:1

Steinschmätzer *Oenanthe oenanthe*

Status: Durchzügler, selten Brutvogel
Häufigkeit: Brut ●○○○○ Gast ●●●●○

Lebensweise:
Der Steinschmätzer ist ein Brutvogel der Steppen, Heiden und Tundren. Er besiedelt solche Standorte in ganz Europa, vor allem im Norden, und überwintert südlich der Sahara. An seinem Nistort muss die Vegetation niedrig sein. Erfahrene Altvögel erkennen schon bei der Wahl des Territoriums, wo die Pflanzendecke langsam wachsen wird. Einige Steinschmätzer-Paare brüten auf unseren Düneninseln. Nach dem Verlassen des Nestes verteilen die Jungvögel sich auf die Eltern und lassen sich noch 14 Tage lang laut bettelnd füttern. Ab dem zehnten Tag geruhen sie auch selbst Insekten zu jagen, wenn der Altvogel nicht „liefert". Durchziehende skandinavische Steinschmätzer rasten nur kurz an unserer Küste, während Vögel, die nach Grönland und Island müssen, gerne noch einen Happen fressen und vor dem Weiterflug sorgfältig auf das Wetter achten.

Brutplatz am Gletscher
Auf steinigen Flächen in der arktischen Tundra kann alle 100 Meter ein Steinschmätzer brüten. An den Rändern des grönländischen Inlandeises ist er einer der häufigsten Brutvögel.

Aussehen:
Ein kontrastreich und ohne jede Punktierung gefärbter Singvogel, der sehr aufrecht sitzt, ab und zu lebhaft mit dem Körper wippt und kurze Strecken flach über dem Boden fliegt, ist an der Küste meist der Steinschmätzer. Sieht man beim Auffliegen den weißen Schwanz mit umgekehrt T-förmiger schwarzer Zeichnung, ist die Arterkennung eindeutig. Männliche Steinschmätzer haben einen grauen Rücken und Kopf sowie eine dunkle Gesichtsmaske und dunkle Flügel. Weibchen und Jungvögel sind nur in warmen Sand- und Brauntönen gefärbt und haben einen hellen Überaugenstreif und einen weißen Unterbauch. Die siebte Handschwinge (von innen) wird 75–83 mm lang, die Schwanzfedern 54–66 mm. Durchziehende grönländische Steinschmätzer sind besonders groß und kontrastreich gefärbt.

Prachtkleid des Gentlemans
Männliche Steinschmätzer zeigen im Frühling eine deutlich abgesetzte graue Oberseite. Im Herbst dagegen sind Männchen, Weibchen und Jungvögel oberseits alle recht ähnlich braun gefärbt.

Anhand seines schlanken Schnabels ist der Steinschmätzer leicht als Insektenfresser zu erkennen.

Maßstab 1:1

Wiesenpieper *Anthus pratensis*

Status: Brutvogel, Durchzügler
Häufigkeit: Brut ●●●○○ Gast ●●●●○

Lebensweise:
Der Wiesenpieper ist ein Insektenfresser und brütet auf Offenland mit eingestreuten Büscheln von Gras oder Seggen, also auf Mooren, Heiden, Grünland und auch Küstensalzwiesen. Sein Nest baut er bevorzugt gut getarnt neben höheren Grasbüscheln. Die bei Hunger laut piependen Jungen sind vielen Gefahren ausgesetzt: Fuchs, Krähen und Weihen können das Nest plündern, obwohl die Eltern die Küken zum Schweigen bringen, wenn Gefahr naht. Erwischt ein Wiesenpieper-Weibchen in der Brutzeit einen Kuckuck in Nestnähe, inspiziert es seine Eier sehr genau und gibt das Nest auf, falls ein Ei fremdartig aussieht. Zum Herbst hin ziehen „unsere" Wiesenpieper nach Südeuropa, werden aber durch skandinavische Vögel abgelöst, die in kleinen Trupps zahlreich durchziehen und auch im Küstenraum überwintern.

Fliegen für die Küken
Im morgenfeuchten Gras hat dieser Wiesenpieper reichlich Insekten für seine Jungen erbeutet. Nur artenreiches und am besten feuchtes Grünland bietet genug Nahrung für die Aufzucht der Küken.

Aussehen:
Ein schlanker brauner Singvogel mit dünnem Schnabel und kräftig punktierter Unterseite ist an der Küste meistens ein Pieper. Falls er den Schnabel aufmacht, kommt oft das heraus, was ihm auch den englischen Namen „Pipit" eingebracht hat: „piep-piep". Der trillernde Reviergesang ist etwas abwechslungsreicher und kann wie bei der Lerche im Flug vorgetragen werden, klingt aber weniger „jubilierend". Im Flügel ist die sechste Handschwinge (von innen) mit einer Länge von 57–67 mm die längste. Im Schwanz ist die äußerste Feder zur Hälfte schräg abgetrennt weiß. Wäre sie zu einem Drittel weiß, wäre es eher ein Baumpieper. Da auf dem Durchzug mindestens fünf weitere ähnliche Pieper an der Küste auftreten, ist die Artbestimmung etwas unsicher. Der Wiesenpieper brütet aber als einziger an unserer Küste.

Vereinzelter Küstenwintergast: der Strandpieper
Der Strandpieper (Anthus petrosus) ist insgesamt dunkler als der Wiesenpieper, mit dunklen Beinen und größeren Bauchflecken. Er brütet an Skandinaviens und überwintert an Mittel- und Südeuropas Küsten.

Der seitlich nur schwach gefleckte Bauch unterscheidet den Wiesenpieper von anderen Pieper-Arten.

Maßstab 1:1

Schneeammer *Plectrophenax nivalis*

Status: Wintergast
Häufigkeit: Brut ○○○○○ Gast ●●●○○

Lebensweise:
Die Schneeammer ist der sich am nördlichsten aufhaltende Singvogel unseres Planeten. Sie brütet bis in den äußersten Norden Grönlands und wurde auch schon am Nordpol gesichtet. Das mit Federn ausgepolsterte Nest wird in Felsnischen gebaut, die Jungen werden mit reichlich Insektenfutter innerhalb von nur 15 Tagen flügge. Anfang Oktober treffen die Schneeammern zur Überwinterung an Nord- und Ostsee ein, vermutlich überwiegend diejenigen aus Skandinavien und Island. Die Männchen sind frosthärter, daher erscheinen sie an unseren Küsten später und in deutlich geringerer Anzahl als die Weibchen. Schneeammern suchen in den Spülsäumen der Winterfluten nach Samen, die ihr ausschließliches Winterfutter darstellen. Pflanzen wie Queller, andere Melden und der Stranddreizack sind die wichtigsten Kraftspender an der Wattenmeerküste.

Hungriger Nachwuchs: junge Schneeammer in Grönland
Dieser flügge Jungvogel wird weiterhin von den Eltern mit Insekten und – wie die Blüte des Arktischen Weidenröschens zeigt – vielleicht auch mit Pflanzenteilen gefüttert.

Aussehen:
Hinsichtlich ihrer Gestalt ist die Schneeammer ein typischer Finkenvogel mit kurzem, kräftigem Schnabel zum Aufknacken von Samen. Während die Ammer im Brutkleid ausgedehnte weiße Federpartien hat – auch in der Schneetundra gibt es Greifvögel und Füchse, gegen die eine Tarnung erforderlich ist –, wechselt sie zum Winter in ein bräunlicheres Schlichtkleid. Das Weibchen hat einen hellen Bauch, weiße Federansätze und Schwanzseiten und wirkt insgesamt recht hell. Das Männchen behält seine weiß-schwarzen Flügel, die beim Auffliegen der stets in kleinen Schwärmen auftretenden Schneeammern unverkennbar aufblitzen. Kein anderer Kleinvogel an der Küste hat weiße Armschwingen. Die Federlänge der Handschwingen erreicht 88–93 mm, die des Schwanzes 66–80 mm.

Winter am Watt: Schneeammern
Die Trupps der überwinternden Schneeammern bewegen sich etappenweise am Spülsaum entlang. Immer im Wechsel wird 15 Minuten lang gefressen und verdaut, gefressen, verdaut …

Dieser Schneeammer-Hahn in Grönland beginnt gerade zu mausern. Sein Winterkleid ist tarnfarbig.

Maßstab 1:1

Titelbild:	Säbelschnäbler und Federn von Pfeifente (oben links) und Silbermöwe, Austernfischer und Großer Brachvogel (unten, von links nach rechts)
S. 1:	kämpfende Rotschenkel
S. 2:	Ringelgans
S. 4:	Krickerpel
S. 148:	Küstenseeschwalbe
hintere Innenklappe:	Küstenseeschwalbe fliegend

BILDAUTOREN

Sven-Erik Arndt: 49 o., 110 u.

Ilka Beermann: 135 o.

Carsten Egevang et al. (2009): 134 o.

Klaus Günther: 100 u., 130 o.

Bernd Hälterlein: 44 u.

Sybille Kambeck: 11, Umschlag Innenseite

Johan Krol: 62 o., 62 u., 84 u., 136 o., 137 o.

Ingo Ludwichowski: 46 o., 46 u.

Verena Lutz: 40 o.

Claudia Mohra: 68 o., 114 u.

Fabian Schrauth: 116 o.

Rainer Schulz: 80 o.

Eckhard Siegel: 50 o., 108 u.

Melanie Steur: 44 o.

Kirsten Thiemann: 104 o., 104 u., 105 o., 122 o., 122 u., 123 o.

Felix Timmermann: 24 u., 51 o., 53 o., 74 u., 116 u., 117 o.

US Fish & Wildlife: 42 o.

Peter Hering: Titelbild, 1, 2, 4, 18 o., 18 u., 19 o., 20 u., 21 o., 22 o., 22 u., 23 o., 24 o., 25 o., 26 o., 27 o., 29 o., 30 o., 30 u., 31 o., 33 o., 34 u., 35 o., 36 u., 37 o., 39 o., 41 o., 43 o., 45 o., 47 o., 48 u., 50 u., 56 u., 57 o., 58 o., 58 u., 59 o., 60 u., 61 o., 63 o., 64 u., 65 o., 66 u., 67 o., 69 o., 71 o., 72 o., 72 u., 73 o., 74 o., 75 o., 76 o., 77 o., 78 o., 78 u., 80 u., 81 o., 82 u., 83 o., 84 o., 85 o., 89 o., 90 u., 91 o., 92 u., 93 o., 95 o., 96 o., 96 u., 98 o., 99 o., 101 o., 102 o., 102 u., 103 o., 107 o., 108 o., 109 o., 110 o., 111 o., 112 u., 113 o., 115 o., 120 o., 121 o., 129 o., 131 o., 132 o., 132 u., 133 o., 136 u., 138 o., 138 u., 139 o., 140 o., 140 u., 141 o., 142 u., 143 o., 144 o., 145 o., 146 u., 148

Alle übrigen Bilder sind vom Autor.

REGISTER (deutsch)

A
Alpenstrandläufer 106
Austernfischer 68

B
Basstölpel 54
Bekassine 90
Brandgans 26
Brandseeschwalbe 130

D
Dreizehenmöwe 114
Dunkler Wasserläufer 94

E
Eiderente 40
Eisente 42
Eissturmvogel 52

F
Falkenraubmöwe 110
Feldlerche 138
Fischadler 64
Flussseeschwalbe 132
Flussuferläufer 92

G
Goldregenpfeifer 74
Graugans 24
Graureiher 60
Großer Brachvogel 82
Grünschenkel 98

H
Haubentaucher 50
Heringsmöwe 126
Höckerschwan 18

K
Kanadagans 22
Kiebitz 76
Kiebitzregenpfeifer 72
Knutt 102
Kormoran 56
Krickente 30
Küstenseeschwalbe 134

L
Lachmöwe 118
Löffelente 36
Löffler 58

M
Mantelmöwe 122
Meerstrandläufer 104
Merlin 66
Mittelmeermöwe 124
Mittelsäger 48

N
Nonnengans 22

O
Ohrenlerche 138

P
Pfeifente 28
Pfuhlschnepfe 86

R
Regenbrachvogel 82
Reiherente 38
Ringelgans 20
Rohrweihe 62
Rotschenkel 96

S
Saatgans 24
Säbelschnäbler 70
Samtente 44
Sanderlinge 104
Sandregenpfeifer 78
Schellente 46
Schmarotzerraubmöwe 110
Schneeammer 146
Schneeeule 136
Seeadler 64
Seeregenpfeifer 80
Silbermöwe 124
Silberreiher 60
Singschwan 18
Skua 108
Spießente 34
Star 140
Steinschmätzer 142
Steinwälzer 100
Stelzenläufer 70
Sterntaucher 50
Stockente 32
Strandpieper 144
Sturmmöwe 120
Sumpfohreule 136

T
Tordalk 112
Trauerente 44
Trottellumme 112

U
Uferschnepfe 84

W
Waldschnepfe 88
Waldwasserläufer 92
Wanderfalke 66
Weißwangengans 22
Wiesenpieper 144

Z
Zwergmöwe 116
Zwergschnepfe 90
Zwergsäger 48
Zwergseeschwalbe 128

REGISTER (wissenschaftlich)

A

Actitis hypoleucos 92
Alauda arvensis 138
Alca torda 112
Anas acuta 34
Anas clypeata 36
Anas crecca 30
Anas penelope 28
Anas platyrhynchos 32
Anser anser 24
Anser fabalis 24
Anthus petrosus 144
Anthus pratensis 144
Ardea alba 60
Ardea cinerea 60
Arenaria interpres 100
Asio flammeus 136
Aythya fuligula 38

B

Branta bernicla 20
Branta canadensis 22
Branta leucopsis 22
Bubo scandiacus 136
Bucephala clangula 46

C

Calidris alba 104
Calidris alpina 106
Calidris canutus 102
Calidris maritima 104
Charadrius alexandrinus 80
Charadrius hiaticula 78
Circus aeruginosus 62
Clangula hyemalis 42
Cygnus cygnus 18
Cygnus olor 18

E

Eremophila alpestris 138

F

Falco columbarius 66
Falco peregrinus 66
Fulmarus glacialis 52

G

Gallinago gallinago 90
Gavia stellata 50

H

Haematopus ostralegus 68
Haliaeetus albicilla 64
Himantopus himantopus 70
Hydrocoloeus minutus 116

L

Larus argentatus 124
Larus canus 120
Larus fuscus 126
Larus marinus 122
Larus michahellis 124
Larus ridibundus 118
Limosa lapponica 86
Limosa limosa 84
Lymnocryptes minimus 90

M

Melanitta fusca 44
Melanitta nigra 44
Mergus albellus 48
Mergus serrator 48
Morus bassanus 54

N

Numenius arquata 82
Numenius phaeopus 82

O

Oenanthe oenanthe 142

P

Pandion haliaetus 64
Phalacrocorax carbo 56
Platalea leucorodia 58
Plectrophenax nivalis 146
Pluvialis apricaria 74
Pluvialis squatarola 72
Podiceps cristatus 50

R

Recurvirostra avosetta 70
Rissa tridactyla 114

S

Scolopax rusticola 88
Somateria mollissima 40
Stercorarius longicaudus 110
Stercorarius parasiticus 110
Stercorarius pomarinus 110
Stercorarius skua 108
Sterna hirundo 132
Sterna paradisaea 134
Sterna sandvicensis 130
Sternula albifrons 128
Sturnus vulgaris 140

T

Tadorna tadorna 26
Tringa erythropus 94
Tringa nebularia 98
Tringa ochropus 92
Tringa totanus 96

U

Uria aalge 112

V

Vanellus vanellus 76

© privat

Rainer Borcherding, Jahrgang 1966, ist Biologe und Naturliebhaber. Seit seiner Kindheit beschäftigt er sich mit Artenvielfalt und Naturschutz. Er wohnt in Husum, ist aber beruflich und privat gerne und viel unterwegs, um die Natur zu beobachten, Fotos zu machen und Strandfunde zu sammeln.

© privat

Peter Hering, Jahrgang 1941, ist inmitten der sehr vielfältigen Vogelwelt auf Föhr zu Hause. Er liebt es, Vögel zu fotografieren und das beste Bild von jeder Vogelart einzufangen.